米與烘焙

許正忠・周麗秋 著

contents

Part 1
米蛋糕類

Part 2
米麵包類

Part 4
中式米點心類

Part 3
米餅乾類

作者序

自古以來 "米" 在人類的飲食中一直佔有相當重要的地位，尤其東方人更將它做為最重要的主食。現今隨著飲食習慣的漸漸西化，在飲食上加入了更多元的麵粉類製品，由其是在烘焙這一塊，大家對於麵粉製的烘焙品早習以為常，但卻鮮少人將 "米" 納入為主要的原料。

此次特別商請對於 "米" 這個食材非常了解又不藏私的周老師結合所學，在麵包、蛋糕、餅乾中加入了大量 "米" 的元素，以期使所有的烘焙人 "不再只有麵粉這個選項"，而讓烘焙食品有更多變化，也能吃的更健康！

許正忠

台灣屬溫熱帶區，是一個米食王國，而「稻米」對生活在台灣的人來說是不可或缺的主食。因為台灣氣候溫暖且潮濕，使得台灣稻米種類極為豐富多樣，價格上也比進口的麵粉便宜。使得加工米製品產生了多樣化，例如： 米粉、粿條、米糕、 蘿蔔糕等等…，但卻很少人將它拿來做甜點。

嗯！這倒讓我突發奇想，何不將蛋糕、麵包及餅乾的麵粉材料替換成米，將我們一般吃飯的蓬萊米，來取代麵粉製作西點，讓米食不再侷限在中式點心類，也藉由這本書與大家分享，希望可以打破大家對西點的感覺。 一般人對蛋糕和麵包，都覺得最難上手，也對西點的製作過程，不知道該如何下手，或者有過經常失敗的經驗而造成放棄。這本工具書經過反覆試做修改後，呈現給入門烘焙及中式點心者，讓所有新手知道要做好吃的點心和麵包，並非要全副武裝花大錢才能成功，其實只要幾樣簡單的器具就能做出美味且健康的點心和麵包。

這本工具書強調『原料天然、步驟詳細、成品健康、做法簡單』是一本很好上手的魔法書，跟著它的步驟嘗試學習一定可以體驗出新米食的烹飪樂趣。烘焙教學經歷 15 年間，也曾因失敗而感到挫折，每一次的試驗就是經歷、就是繼續下去的原動力，若因此放棄，就沒有現在的我。在此感謝一直在身邊支持的家人以及伴隨我烘焙路上成長的人，希望這本工具書能夠帶給您不只一次的烘焙樂趣，可以反覆並延伸出變化，增進自己對烘焙的興趣！

周麗秋

本書器具&模具介紹

(1) 半圓形模 (做乳酪球用) ｜ (2) 8 吋天使模 ｜ (3) 6 吋日式戚風模 ｜ (4) 12 兩吐司模 ｜ (5) 餅乾模 ｜ (6) 擀麵棍 ｜ (7) 耐熱刮刀 ｜ (8) 直立打蛋器 ｜ (9) 壽司模 ｜ (10) 檸檬模 ｜ (11) 貝殼模 (馬德蕾尼) ｜ (12) 三角飯糰模 ｜ (13) 檸檬炸彈模 ｜ (14) 電子秤 ｜ (15) 大切割板 ｜ (16) 小切割板 ｜ (17) 軟刮板 ｜ (18) 各式紙模

戚風蛋糕基本作法

基本材料：

Ⓐ 蛋黃 6 個、糖 20g
Ⓑ 牛奶 85g
Ⓒ 沙拉油 85g
Ⓓ 蓬萊米粉 100g、玉米粉 30g、泡打粉 2g
Ⓔ 蛋白 6 個、細砂糖 90g

製作過程：

1 將蛋黃、糖放入鋼盆中打發。(至乳黃色即可)

2 加入牛奶拌勻。

3 再加入沙拉油拌勻。

4 先將所有粉類過篩，再加入作法 (3) 中拌至無顆粒即可備用。

5 蛋白先打起泡，再將糖分 3 次加入打到 9 分發。(蛋白拿起時前端稍微彎曲，不可完全直挺)

6 先取 1/3 打發蛋白拌入作法 4 的攪拌盆中，輕輕拌勻。

7 再倒回剩餘 2/3 的蛋白中拌勻。

8 倒入模型中，進爐烘烤。

〈 Point 〉

＊若用圓型模，爐溫以上火 180℃ / 下火 160℃ (全火 180℃) 烤約 25 ～ 35 分鐘。(視模型大小而定，出爐後先將模具在桌上敲一下，馬上倒扣)

＊若用烤盤烘烤，爐溫以上火 190℃ / 下火 150℃ (全火 180℃) 烤約 15 ～ 25 分鐘。(出爐後的蛋糕體須馬上從烤盤取出，撕開旁邊的紙，以免蛋糕體回縮)

＊所有粉類一定要先過篩。

＊蛋黃也可以不打發，不過打發成品會比較柔軟細緻。

＊打蛋白的鋼盆中不可以油質及水分。

＊蛋白霜要拌入蛋黃糊中時，要分 2 ～ 3 次拌入，以免消泡。

＊此蛋糕乃是分蛋作法，打好灌模後，必須馬上進爐烘烤，以免消泡。

＊模型不可塗油。

基本篇

麵包基本做法

成品數量：100g *10 個

中種材料：

Ⓐ 米湯種 180g、乾酵母 5g、
　　高筋麵粉 350g

主麵糰材料：

Ⓑ 米湯種 50g、乾酵母 5g
Ⓒ 高筋麵粉 100g、鹽 5g、蛋 50g、
　　奶粉 20g、細砂糖 80g
Ⓓ 發酵奶油 40g

製作過程：

1　先將材料 Ⓐ 的米湯種和酵母拌溶。
2　再加入高筋麵粉拌至均勻。
3　發酵 1 ～ 2 小時成蜂窩狀即可。
4　材料 Ⓑ 先混合。
5　材料 Ⓑ 先拌勻至酵母溶解。
6　再加入材料 Ⓒ 拌勻。
7　續將作法 (1) 加入，打至捲起階段。
8　扯開會有鋸齒狀。
9　最後加入奶油，打至完成階段。
10　扯開成薄膜，撕破無鋸齒狀。

11　滾圓放入容器中，蓋上保鮮膜，做
　　中間鬆弛 30 分。
12　將麵糰分割成每個 100g，滾圓，鬆
　　弛 10 分鐘，進行整形。
13　發酵至 2 倍大，刷上蛋液進爐。
14　以上火 200℃下火 /170℃烤 12 分
　　鐘，調頭再烤 5 分鐘。
15　烤至呈現金黃色即可出爐。

8

〈 Point 〉

※此中種麵糰冬天放室溫，夏天須放冷藏。

※使用中種作法可延長麵包老化時間。

※所謂捲起階段，材料已成糰表面粗糙，不粘鋼盆而會粘住攪拌器上，取麵糰時會粘手。

※所謂完成階段，麵糰呈現光滑且有良好的延展，用手扯開麵糰成薄膜，扯破成光滑圓孔。
　（如有鋸齒狀表示未完成）

※麵糰不能攪拌過度，會使麵糰筋度斷裂，麵糰就缺乏彈性。

湯種基本作法

Ⓐ 高筋麵粉 200g、細砂糖 20g

Ⓑ 熱水 230g

製作過程：

1 高筋麵粉、糖先加入攪拌缸。

2 將高筋麵粉、細砂糖攪拌缸中先拌勻。

3 熱水直接沖入作法 (2) 拌勻即可。

4 麵糰呈現粗糙現象，是正常的。

5 在將湯種放入袋中待涼。

6 移至冷藏冰 24 小時即可使用。

〈 Point 〉

＊熱水只要者沸 (約 100 度)

＊熱水要一次全倒入。

＊湯種可冷藏 7 天。

＊如沒用完可分裝冷冰至冷凍，要用 時再取出退冰。

＊湯種麵糊只要拌至無顆粒均勻即可

米湯種基本作法

Ⓐ 水 100g、蓬萊米粉 40g

Ⓑ 水 900g

製作過程：

1 將材料 Ⓐ 的蓬萊米粉放入鋼盆中，再
　加入水拌勻備用。

2 將作法 (1) 慢慢沖入作法 (2) 中拌勻。

3 用小火煮滾。

4 待涼就可使用。

〈 Point 〉

＊煮時要邊煮邊攪拌，以免燒焦。

＊米湯種需放涼才可使用。

＊在製作麵糰時，米湯種溫度如過高
　（沒降溫）加入會使酵母燙死。

＊用剩的米湯種需放冷藏保存，可放
　3 天。

油酥油皮基本作法

基本材料：

Ⓐ 中筋麵粉 140g、
蓬萊米粉 60g、糖粉 40g

Ⓑ 無水奶油 90g

Ⓒ 水 90g

油酥材料：

Ⓐ 低筋麵粉 140g、無水奶油 70g

Ⓑ 紅豆粒餡 400g

油皮製作方法：

1 將中筋麵粉、蓬萊米粉及糖粉先混合均勻。

2 材料 Ⓑ 加入切勻，再做成土牆。

3 材料 Ⓒ 倒入中間，再將麵粉慢慢撥下來和水混合。

4 再揉至均勻成團。

5 將揉好麵糰攤開蓋上保鮮膜。（稱為油皮）

6 鬆弛 20 分鐘備用。

油酥製作方法：

1　低筋麵粉和無水奶油混合即可。

2　拌至推開呈現光滑。(稱為油酥)

3　分割成油皮每個 20g、油酥每個 10g。

4　將油皮壓扁，包入油酥收口，掐緊。

5　收口朝上擀捲 2 次，捲成長筒狀。

6　第一次擀捲收口朝上，再捲回。

7　分割內餡 (豆沙餡) 每顆 20g。

8　再擀成薄片，包入紅豆餡收口收緊。

9　收口收緊成薄片，再將薄片摺下貼緊。

10　放入烤盤，以爐溫上火 190℃下火 /160℃約
　　烤 25 分鐘，上下呈現金黃色，即可出爐。

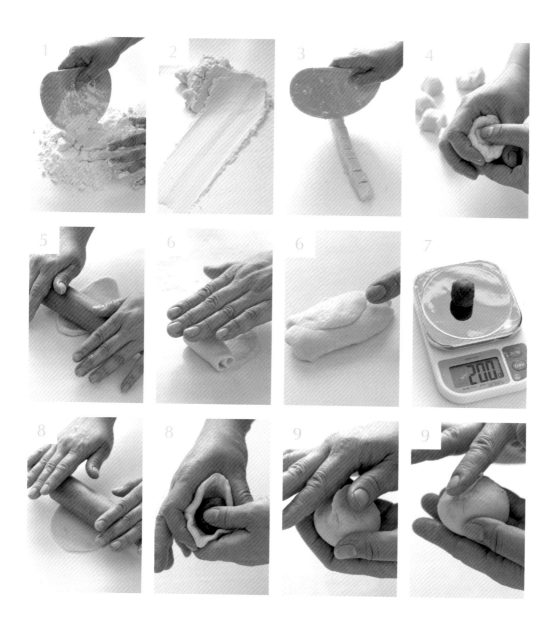

基本篇

餅乾基本作法（糖油拌合法）

基本材料：

Ⓐ 奶油 135g、糖粉 135g

Ⓑ 雞蛋 60g(約大顆 1 顆)

Ⓒ 低筋麵粉 200g、蓬萊米粉 60g、
玉米粉 75g

製作過程：

1 先將奶油打軟，加入糖粉。

2 將兩者打勻至呈乳黃色。

3 雞蛋分 2～3 次加入拌勻。

4 粉類過篩過篩桌面，

5 再將作法 (3) 加入拌壓均勻，待鬆弛 20 分鐘。

6 模型放上保鮮膜，再放上麵糰整形。

7 整好的餅乾送冷凍冰至有硬度，取出切厚約 0.5 公分。

〈 Point 〉………………………………………………………………

＊奶油必須要在室溫退冰。

＊如是需要用到擠花袋的麵糊，則需打發。

＊冷凍或用手整形的餅乾不需打發，只要拌

勻即可。

＊雞蛋須打散，分次加入以免油水分離。

＊所有粉類都需過篩。

14

台灣米食新創意

　　自古以來，北方食麵，南方食米。這樣的飲食習慣主要是因為北方氣候寒冷、溫度偏低，這樣的環境下人們所需的熱量較高，主食麥的熱量較高，而麵粉是麥所磨成。而相較之下南方氣候溫暖，也盛產稻米，長久下來自然造成南、北飲食習慣的差異。對北方而言，所需的熱量從麵中取得已足夠。對南方而言，卻是過多。

　　從傳統來看蛋糕、麵包的成份一定都是麵粉為主，但對南方而言，熱量過高，若將麵粉換成蓬萊米粉，反而是較適合南方食用。

　　米飯對南方人來說，不但可以拿來當主食，也可以當點心，有些人可能不知道，一般我們所吃的蘿蔔糕和碗粿都是米所做成的哦，但和一般吃飯的蓬萊米並不是同一種，蘿蔔糕所用是 " 舊米 " 也是一般俗稱的 " 在來米 "，因為黏性不足，通常用來做成碗粿或其他的米食再製品。

　　書中的作品包含中式點心以及西式點心，但不管是麵包或蛋糕，都大量使用蓬萊米粉替換麵粉，很多人會覺得用蓬萊粉來做麵包或蛋糕，口感一定沒有麵粉那麼好，其實不然，書中的西瓜或桑葉蛋糕都是使用米粉來做成蛋糕，將主要成份麵粉換成蓬萊米粉，烤出的口感和香味不變，一樣柔軟好吃，而一般用麵粉所做成的麵包，口感偏軟，若將麵粉替換成蓬萊米粉所烤出麵包，則口感偏 Q，且熱量偏低，較適合現代人食用，而且不管是紫米或芋香米都可做成麵包，香味更勝麵粉。

　　除了麵包和蛋糕可用蓬萊米粉來替麵粉以外，還有另一種麵粉製成品，也可換成米粉來做，那就是 " 餅乾 "，如杏仁瓦片或蛋捲，將麵粉換成米粉所烤出的餅乾比麵粉所做的更脆，口感更佳，香氣十足，更符合南方人口味。

　　台灣地區目前已有生產小麥，但產量尚少，造成價位偏高，因此麵粉主要取得方式，還是透過進口，但不管台灣本身出產的小麥或進口，成本都偏高，反觀蓬萊米粉，台灣本地就有生產，在品質上不輸日本，價位不高，將主成份替換成米粉，在營養價值及成本，一個是上升一個是下降，不管是從那一面來看，對食用者都非常的有好處，使用台灣所生產的米，來做屬於我們的蓬萊米粉產品，讓更多的人了解米食的好處，不只傳統的米食，連麵包和蛋糕的主食都可替換成米，籍由此次的成份改良，來發揚米食文化。

Part 1

米蛋糕類

01／芋香米布朗

成品數量：家用烤盤 *1 盤

材料：

🅐 橄欖油 100g、奶油 20g

🅑 牛奶 50g、芋泥 50g

🅒 蓬萊米粉 80g、玉米粉 30g

🅓 蛋黃 120g

🅔 蛋白 240g、細砂糖 100g

芋泥餡：

🅕 牛奶 200g、動物性鮮奶油 20g、卡士達醬 90g

🅖 芋泥 300g、奶油 175g、蘭姆酒 15g

製作過程：

1　先將材料 🅐 加熱到 80 度。

2　材料 🅑 依序加入作法 (1) 中拌勻備用。

3　將材料 🅒 加入拌勻，再將材料 🅓 加入拌勻備用。

4　材料 🅔 的蛋白先打起泡，再將細砂糖分 3 次加入打發。

5　將作法 (4) 分 3 次加入作法 (3) 中拌勻。

6　烤盤先鋪烤盤紙，再將麵糊倒入抹平。

7　進爐烘烤以爐溫上火 170℃下火 /140℃烤約 15 ～ 20 分鐘，出爐待涼。

8　將材料 🅕 拌勻；材料 🅖 也拌勻，再將兩者拌合即為芋泥餡。

9　先取 2/3 的芋泥餡平均抹在蛋糕體上，捲起成長筒狀。

10　剩餘的芋泥餡要先過篩後，再裝入擠花袋中，擠在蛋糕表面做裝飾。

02／桑葉米蛋糕

成品數量：日式 8 吋模 *1 個 (6 吋 *2 個)

材料：

- Ⓐ 蛋黃 5 個、細砂糖 10g
- Ⓑ 橄欖油 60g
- Ⓒ 桑葚葉 20g、水 55g
- Ⓓ 蘭姆酒 5g
- Ⓔ 蓬萊米粉 100g、玉米粉 30g
- Ⓕ 蛋白 5 個、細砂糖 90g
- Ⓖ 蔓越莓 50g

製作過程：

1　先將材料 Ⓐ 拌勻；打發。

2　材料 Ⓑ 加入拌勻，材料 Ⓒ 打成汁加入拌勻。

3　再將 Ⓓ 料加入拌勻，材料 Ⓔ 加入拌勻備用。

4　材料 Ⓕ 的蛋白先打起泡，細砂糖分 3 次加入打發。

5　將作法 (4) 分 3 次加入作法 (3) 中拌勻。

6　最後拌入蔓越莓即可。

7　倒入模型後，敲一下，進爐。

8　以爐溫上火 200℃下火 /150℃烤約 25 分鐘。

TIPS ···

1. 蛋黃加入細砂糖要先拌勻以免結粒。
2. 成品出爐後，需先在桌上輕敲一下倒扣，以免蛋糕體回縮。

03／翡翠紫米蛋糕

數量：日式 8 吋模 *1 個 (6 吋 *2 個)

材料：

Ⓐ 蛋黃 5 個、細砂糖 10g

Ⓑ 橄欖油 45g

Ⓒ 地瓜葉 40g、水 50g

Ⓓ 蘭姆酒 5g

Ⓔ 蓬萊米粉 100g、玉米粉 30g

Ⓕ 煮熟紫米飯 50g

Ⓖ 蛋白 5 個、細砂糖 90g

製作過程：

1　先將材料 Ⓐ 拌勻；打發。

2　材料 Ⓑ 加入拌勻，材料 Ⓒ 打成汁加入拌勻。

3　將 Ⓓ 料加入拌勻，材料 Ⓔ 加入拌勻，再將材料 Ⓕ 加入拌勻備用。

4　材料 Ⓖ 的蛋白先打起泡，細砂糖分 3 次加入打發。

5　將作法 (4) 分 3 次加入作法 (3) 中拌勻。

6　倒入模型後，敲一下，進爐。

7　以爐溫上火 200℃下火 /150℃烤約 25 分鐘。

TIPS ···

1. 蛋黃加入細砂糖要先拌勻以免結粒。
2. 地瓜葉也可改用菠菜葉。
3. 成品出爐後，需先在桌上敲一下，以免蛋糕體回縮。

04／乳酪米戚風

成品數量：日式 8 吋模 *1 個 (6 吋 *2 個)

材料：

🅐 蛋黃 5 個、細砂糖 10g

🅑 奶油乳酪 100g、
　優酪乳 50g、檸檬汁 15g

🅒 橄欖油 55g

🅓 蓬萊米粉 100g、
　玉米粉 20g

🅔 蛋白 5 個、細砂糖 90g

製作過程：

1　先將材料 🅐 拌勻；打發。

2　材料 🅑 混合後隔水加熱至溶解，加入作法 (1) 中拌勻。

3　材料 🅒 加入拌勻，再將材料 🅓 加入拌勻備用。

4　材料 🅔 的蛋白先打起泡，細砂糖分 3 次加入打發。

5　將作法 (4) 分 3 次加入作法 (4) 中拌勻。

6　倒入模型後，敲一下，進爐。

7　以爐溫上火 200℃下火 /150℃烤約 25 分鐘。

05／酒釀蔓越莓蛋糕

成品數量：方型紙杯 *10 杯

材料：

Ⓐ 蛋黃 3 個、全蛋 1 個

Ⓑ 沙拉油 60g、酒釀 60g

Ⓒ 蓬萊米粉 80g、玉米粉 40g

Ⓓ 蛋白 4 個、細砂糖 70g

Ⓔ 蔓越莓乾 80g

製作過程：

1　先將材料 Ⓐ 拌勻；再加入材料 Ⓑ 拌勻；最後將材料 Ⓒ 加入拌勻備用。

2　材料 Ⓓ 的蛋白先打起泡，細砂糖分 3 次加入打發後，分 2 ～ 3 次加入作法 (1) 中拌勻。

3　最後加入材料 Ⓔ 拌勻即可。

4　將麵糊放入擠花袋，擠入紙杯中約 9 分滿。

5　以爐溫上火 200℃下火 /160℃烤約 20 分鐘。

TIPS ⋯⋯⋯⋯⋯⋯⋯⋯⋯⋯⋯⋯⋯⋯⋯⋯⋯⋯

麵糊進爐前可灑上杏仁角或杏仁片。

06／黑金剛大理石

成品數量：日式 8 吋模 *1 個 (6 吋 *2 個)

材料：

Ⓐ 蛋黃 6 個、細砂糖 20g

Ⓑ 牛奶 85g、橄欖油 85g

Ⓒ 蓬萊米粉 100g、玉米粉 30g

Ⓓ 香草夾醬 1/2 茶匙

Ⓔ 蛋白 5 個、細砂糖 90g

Ⓕ 竹碳粉 15g、熱水 10g

製作過程：

1　先將材料 Ⓐ 拌勻；打發。

2　材料 Ⓑ 加入拌勻，材料 Ⓒ 也加入拌勻。

3　再將 Ⓓ 料加入拌勻備用。

4　材料 Ⓔ 的蛋白先打起泡，細砂糖分 3 次加入打發。

5　將作法 (4) 分 3 次加入作法 (3) 中拌勻即為白麵糊。

6　材料 Ⓕ 先拌勻，再取 1/3 的白麵糊拌勻即為黑麵糊。

7　將黑麵糊倒入白麵糊中，拌 5～6 下即可倒入模型中。

8　倒入模型後，敲一下，進爐。

9　以爐溫上火 200℃下火 /150℃烤約 25 分鐘。

TIPS ···

1. 蛋黃加入細砂糖要先拌勻以免結粒。

2. 作法 (7) 在拌黑麵糊時不能拌太多下，否則紋路會不明顯。

3. 成品出爐後，需在桌上輕敲一下，以免蛋糕體回縮。

07 ／馬德蕾尼

成品數量：小貝殼 * 約 27 個

材料：

A 全蛋 3 個、細砂糖 150g
B 蓬萊米粉 120g、泡打粉 5g
C 杏仁粉 30g
D 檸檬皮屑 1 個、香草夾醬 3g
E 鮮奶 10g、溶化奶油 120g

製作過程：

1 材料 A 先拌勻，再隔水加熱至 40℃，離火。

2 用電動攪拌器快速打發。

3 將材料 B 加入拌勻，材料 C 也加入拌勻，再加材料 D 加入拌勻。

4 最後將材料 E 依序加入拌勻即可。

5 將麵糊靜置 1 小時。

6 模型抹油，再灑上一層高筋麵粉。

7 麵糊裝入擠花袋中，擠入模型約 8 ～ 9 分滿。

8 以爐溫上火 180℃下火 /160℃烤約 15 ～ 20 分鐘。

TIPS ··

1. 蛋加入細砂糖要先拌勻以免結粒。
2. 麵糊靜置隔夜烤出來的成品效果更佳，麵糊要隔夜，請放置冰箱。
3. 麵糊要進爐前要先將空氣敲打出來，以免影響外觀。

08／胚芽蛋糕卷

成品數量：家用烤盤 *1 盤

材料：

A 蛋黃 120g、糖 10g

B 牛奶 60g、橄欖油 60g

C 蓬萊米粉 100g、玉米粉 30g

D 烤熟胚芽粉 50g

E 蛋白 240g、細砂糖 90g

F 植物性鮮奶油 150g

G 烤熟胚芽粉適量

製作過程：

1 先將材料 **A** 拌勻；打發。

2 材料 **B** 依序加入拌勻，材料 **C** 加入拌勻。

3 再將 **D** 料加入拌勻備用。

4 材料 **E** 的蛋白先打起泡，細砂糖分 3 次加入打發。

5 將作法 (4) 分 3 次加入作法 (3) 中拌勻。

6 烤盤先鋪烤盤紙，再將麵糊倒入，抹平。

7 進爐烘烤以爐溫上火 170℃下火 /140℃烤約 15 ～ 20 分鐘。

8 出爐待涼，將材料 **F** 打發，平均抹在蛋糕體上，捲起成長筒狀。

9 表面在抹少許鮮奶油，再沾上材料 **G** 即可。

TIPS ···

1. 蛋黃加入細砂糖要先拌勻以免結粒。

2. 成品出爐後，需在桌上輕敲一下馬上脫離烤盤，撕掉旁邊的紙，以免蛋糕體回縮。

09／紫薯米蛋糕

成品數量：日式 8 吋模 *1 個 (6 吋 *2 個)

材料：

Ⓐ 蛋黃 5 個、細砂糖 10g
Ⓑ 地瓜泥 80g、
　熟的紫米飯 50g
Ⓒ 鮮奶 50g、橄欖油 40g、
　白蘭地酒 5g
Ⓓ 蓬萊米粉 100g、
　玉米粉 40g
Ⓔ 蛋白 6 個、細砂糖 100g

製作過程：

1　先將材料 Ⓐ 拌勻；打發，材料 Ⓑ 加入拌勻。
2　材料 Ⓒ 依序加入作法 (1) 中拌勻。
3　再將材料 Ⓓ 加入拌勻備用。
4　材料 Ⓔ 的蛋白先打起泡，細砂糖分 3 次加入打發。
5　將作法 (4) 分 3 次加入作 (3) 中拌勻。
6　倒入模型後，敲一下，進爐。
7　以爐溫上火 200℃下火 /150℃烤約 25 分鐘。

TIPS

1. 蛋黃加入細砂糖要先拌勻以免結粒。
2. 地瓜泥也可改用紫地瓜。
3. 成品出爐後，需在桌上輕敲一下倒扣，以免蛋糕體回縮。

10／紫高麗沙拉蛋糕卷

成品數量：家用烤盤 *1 盤

材料：

- Ⓐ 蛋黃 3 個
- Ⓑ 蛋白 4 個、細砂糖 70g
- Ⓒ 蓬萊米粉 60g、玉米粉 20g
- Ⓓ 杏仁角 50g、糖粉適量
- Ⓔ 紫高麗菜、蘋果條、秋葵、
  火腿片、苜蓿芽、沙拉醬
  以上皆適量

製作過程：

1 材料 Ⓐ 打發至乳黃色備用。

2 材料 Ⓑ 的蛋白先打起泡，細砂糖分 3 次加入打發。(稱
  為蛋白霜)

3 將蛋白霜和材料 Ⓒ 交叉分次加入作法 (1) 中拌勻。

4 烤盤先鋪烤盤紙，再將麵糊裝入擠花袋中，擠在烤盤
  上。

5 表面先灑上杏仁角，再篩上糖粉，即可進爐。

6 烘烤以爐溫上火 170℃ 下火 /140℃ 烤約 15 ～ 20 分鐘。

7 出爐待涼後，蛋糕翻面，先擠上沙拉醬抹平，再放上
  蔬菜，擠少許沙拉醬，捲成長筒狀。

11／洛神米蛋糕

成品數量：日式 8 吋模 *1 個 (6 吋 *2 個)

材料：

Ⓐ 蛋黃 5 個、細砂糖 10g

Ⓑ 牛奶 50g、橄欖油 50g

Ⓒ 糖蜜洛神花 200g

Ⓓ 蓬萊米粉 100g、
玉米粉 20g

Ⓔ 蛋白 5 個、細砂糖 90g

製作過程：

1 先將材料 Ⓐ 拌勻；打發，材料 Ⓑ 依序加入拌勻。

2 材料 Ⓒ 切碎加入作法 (1) 中拌勻，再將材料 Ⓓ 加
入拌勻備用。

3 材料 Ⓔ 的蛋白先打起泡，細砂糖分 3 次加入打發。

4 將作法 (5) 分 3 次加入作法 (4) 中拌勻。

5 倒入模型後，敲一下，進爐。

6 以爐溫上火 200℃下火 /150℃烤約 25 分鐘。

TIPS ··

1. 糖蜜洛神花烘焙材料行或大超市皆有販賣。

2. 也可自製糖蜜洛神花：乾洛神花 200g 洗淨，加糖 100g、水 300g 煮至湯汁收乾即可。

12／蔓越莓豆腐米蛋糕卷

成品數量：家用烤盤 *1 盤

材料：

Ⓐ 細砂糖 30g、無糖豆漿 50g、沙拉油 40g、鹽 1g
Ⓑ 蓬萊米粉 50g、玉米粉 40g
Ⓒ 蛋白 200g、細砂糖 60g
Ⓓ 蔓越莓乾 60g

製作過程：

1　將材料 Ⓐ 一起放入鋼盆中加熱至糖溶解即可。

2　加入材料 Ⓑ 拌勻備用。

3　材料 Ⓒ 的蛋白先打起泡，糖分 3 次加入打至 8 分發。

4　將作法 (3) 分 3 次加入作法 (2) 中拌勻。

5　最後加入蔓越莓拌勻。

6　烤盤先鋪烤盤紙，再將麵糊倒入，抹平。

7　進爐烘烤以爐溫上火 170℃下火 /140℃烤約 15 ～ 20 分鐘。

TIPS ···

1. 蛋白若打到全發時，在拌合時容易消泡，烤出來的蛋糕體也會比較紮實。
2. 蔓越莓可也改成蜜紅豆，再將材料 B 增加 2 茶匙抹茶粉，即為另一款抹茶相思蛋糕。

13／伯爵米蛋糕

成品數量：日式 8 吋模 *1 個 (6 吋 *2 個)

材料：

Ⓐ 蛋黃 5 個、細砂糖 20g
Ⓑ 伯爵茶液 75g、橄欖油 60g
Ⓒ 蓬萊米粉 80g、玉米粉 40g、伯爵茶葉末 1 包
Ⓓ 蛋白 5 個、細砂糖 100g
Ⓔ 蔓越莓 100g

製作過程：

1 先將材料 Ⓐ 拌勻；打發。

2 將材料 Ⓑ 依序加入作法 (1) 中拌勻。

3 材料 Ⓒ 加入拌勻。

4 材料 Ⓓ 的蛋白先打起泡，再將細砂糖分 3 次加入打發。

5 將作法 (4) 分 3 次加入作法 (3) 中拌勻。

6 最後拌入蔓越莓即可。

7 倒入模型中後，敲一下，進爐。

8 以爐溫上火 200℃下火 /150℃烤約 25 分鐘。

TIPS ··

1. 蛋黃加入細砂糖要先拌勻以免結粒。
2. 伯爵茶液作法：熱水 100g 放入 2 包茶包泡 5 分鐘，取出
   茶包後，取要用的量即可。
3. 成品出爐後，需在桌上輕敲一下以免蛋糕體回縮，敲好馬
   上倒扣，蛋糕比較不回縮。

14／蜂蜜米戚風

成品數量：日式 8 吋模 *1 個 (6 吋 *2 個)

材料：

Ⓐ 沙拉油 60g
Ⓑ 牛奶 50g、蜂蜜 30g
Ⓒ 蓬萊米粉 80g、玉米粉 30g
Ⓓ 蛋黃 5 個
Ⓔ 蛋白 5 個、細砂糖 70g

製作過程：

1 材料 Ⓐ 直接加熱至 60 度。

2 材料 Ⓑ 加入拌勻，再將材料 Ⓒ 加入拌勻。

3 最後將材料 Ⓓ 加入拌勻備用。

4 材料 Ⓔ 的蛋白先打起泡，細砂糖分 3 次加入打發。

5 將作法 (4) 分 3 次加入作法 (3) 中拌勻。

6 倒入模型後，敲一下，進爐。

7 以爐溫上火 200℃下火 /150℃烤約 25 分鐘。

TIPS

1. 蜂蜜也可改成楓糖漿。
2. 作法 (2) 拌入粉類時會呈現分離狀態是正常的，加入蛋黃拌勻就會光滑了。

15／紫米乳酪球

成品數量：乳酪球烤模 20 粒 *2 盤

蛋糕體材料：

Ⓐ 奶油 100g、乳酪 20g、
　糖粉 45g

Ⓑ 全蛋 35g

Ⓒ 蓬萊米粉 80g、
　玉米粉 10g、芝士粉 10g

乳酪材料：

Ⓓ 乳酪 480g、糖粉 80g

Ⓔ 蛋黃 5 個

Ⓕ 蘭姆酒 10g、
　熟紫米飯 100g

製作過程：

1　先將材料 Ⓐ 打發。

2　材料 Ⓑ 分 2～3 次加入作法 (1) 中打發。

3　材料 Ⓒ 先混合好後，再加入作法 (2) 中拌勻。

4　將麵糊裝入擠花袋中，平均擠入模型約 1/3 高度即可。

5　進爐烘烤以爐溫上火 180℃下火 /160℃約烤 14 分鐘。
　出爐備用。

6　將材料 Ⓓ 拌勻後，材料 Ⓔ 分 2～3 次加入拌勻。

7　材料 Ⓕ 加入拌勻，裝入擠花袋中，擠入作法 (5) 的模型
　中約 8 分滿。

8　再進爐烘烤，以爐溫上火 180℃下火 /0℃烤約 18 分鐘。

TIPS ···

加乳酪糊在回烤時爐溫下火要關，以免蛋糕體燒焦。

16／西瓜蛋糕

成品數量：日式 8 吋模 *1 個

西瓜主體材料：

Ⓐ 蛋黃 5 個、細砂糖 10g
Ⓑ 牛奶 50g、橄欖油 50g
Ⓒ 草莓香精 3g、芝麻粒 20g（先切碎）
Ⓓ 蓬萊米粉 100g、玉米粉 20g
Ⓔ 蛋白 5 個、細砂糖 90g

主體製作過程：

1 先將材料 Ⓐ 拌勻；打發。

2 將材料 Ⓑ 依序加入作法 (1) 中拌勻。

3 材料 Ⓒ 加入拌勻，再將材料 Ⓓ 加入拌勻備用。

4 材料 Ⓔ 的蛋白先打起泡，再將細砂糖分 3 次加入打發。

5 將作法 (4) 分 3 次加入作法 (3) 中拌勻。倒入模型中後，敲一下，進爐。以爐溫上火 200℃／下火 150℃ 烤約 25 分鐘。

....

西瓜皮材料： 家用烤盤 x1

Ⓕ 蛋黃 50g、細砂糖 5g
Ⓖ 牛奶 25g、橄欖油 25g
Ⓗ 蓬萊米粉 50g、玉米粉 10g、抹茶粉 15g
Ⓘ 蛋白 80g、細砂糖 50g

西瓜皮製作過程：

1 先將材料 Ⓕ 拌勻；打發。

2 將材料 Ⓖ 依序加入作法 (1) 中拌勻。

3 材料 Ⓗ 加入拌勻備用。

4 材料 Ⓘ 的蛋白先打起泡，再將細砂糖分 3 次加入打發。

5 將作法 (4) 分 3 次加入作法 (3) 中拌勻。倒入模型中後，敲一下，進爐。以爐溫上火 150℃下火／180℃ 烤約 15 分鐘。

....

組合：

1 先量出蛋糕體的高度（例如 6 公分）。西瓜皮要切成寬 6 公分長條。

2 蛋糕體編的周圍先抹上一層打發植物性鮮奶油備用，西瓜皮表面也抹上鮮奶油。

3 將西瓜皮輕拿起圍黏在蛋糕體外圍（有抹鮮奶油的那面）。

4 將蛋糕平均切成 6 等份，再將蛋糕橫放，對切即可。

17／黑多倫米蛋糕

成品數量：12 中空連模 *1 盤

材料：

Ⓐ 動物性鮮奶油 100g、可可粉 12g、小蘇打 1g
Ⓑ 苦甜巧克力 100g、香草夾醬 2g、白蘭地酒 5g
Ⓒ 無鹽奶油 90g、黑糖 40g
Ⓓ 蛋黃 5 個
Ⓔ 蓬萊米粉 100g、玉米粉 10g、泡打粉 1/2 茶匙
Ⓕ 蛋白 3 個、細砂糖 70g
Ⓖ 熟杏仁角 70g

裝飾：

Ⓗ 防潮糖粉適量
Ⓘ 動物性鮮奶油 45g、
　苦甜巧克力 60g

製作過程：

1　材料 Ⓐ 的鮮奶油加微溫，再將可可粉及小蘇打過篩加入拌勻。

2　材料 Ⓑ 的苦甜巧克力先隔水加熱至溶解，再拌入其餘材料。

3　將作法 (1) 沖入作法 (2) 中拌勻為巧克力醬備用。

4　將材料 Ⓒ 打發，材料 Ⓓ 分 2 ～ 3 次加入拌勻。

5　材料 Ⓔ 過篩後加入拌勻為蛋黃糊備用。

6　材料 Ⓕ 的蛋白先打起泡，細砂糖分 3 次加入打發即為為蛋白霜。

7　將巧克力醬倒入蛋黃糊中拌勻，再將蛋白霜分 3 次加入拌勻，即可灌模。

8　模型抹油，灑上高筋麵粉，再將麵糊擠至 9 分滿。

9　進爐以爐溫上火 180 烤約 20 ～ 25 分鐘。

10　出爐馬上脫模待涼，灑上防潮糖粉。

11　材料 Ⓘ 的鮮奶油加熱至 60℃，加入苦甜巧克力拌至溶解，裝入袋中擠在蛋糕體的凹洞中即可。

18／檸檬蛋糕

成品數量：檸檬模 *20 個

材料：

Ⓐ 全蛋 5 個、細砂糖 150g
Ⓑ 蓬萊米粉 162g
Ⓒ SP(蛋糕起泡劑)13g
Ⓓ 奶水 50g、檸檬汁半顆、檸檬皮屑半顆
Ⓔ 沙拉油 50g
Ⓕ 檸檬巧克力 500g

製作過程：

1 模型內先擦上白油，再沾上高筋麵粉備用。

2 先材料 Ⓐ 混合拌勻，再隔水加熱至 40℃，離火。

3 將加熱的材料 Ⓐ 快速打發。

4 材料 Ⓑ 過篩後加入拌勻。

5 材料 Ⓒ 加入打發至麵糊光滑呈現乳白色。

6 材料 Ⓓ 依序加入拌勻。

7 最後加入沙拉油拌勻即可。

8 將麵糊倒入模型中約 9 分滿。

9 進爐以爐溫上火 230℃下火 /110℃約烤 15 分鐘。

10 烤至金黃色後，出爐，馬上脫模。

11 將檸檬巧克力切碎，隔水溶化，蛋糕均勻沾上檸檬巧克力即可。

12 將檸檬蛋糕放入冰箱冷藏，待冰硬後，再以剩餘檸檬巧克力做表面裝飾。

19／檸檬米炸彈

成品數量：約 15 個

材料：

Ⓐ 蛋 2 個、細砂糖 100g
Ⓑ 動物性鮮奶油 60g、
　蘭姆酒 15g、
　新鮮檸檬汁半顆、
　新鮮檸檬皮屑半顆
Ⓒ 溶化無鹽奶油 48g
Ⓓ 蓬萊米粉 70g、
　低筋麵粉 40g、泡打粉 4g

製作過程：

1　材料 Ⓐ 拌勻至細砂糖溶解。

2　材料 Ⓑ 依序加入拌勻後，材料 Ⓒ 加入拌勻。

3　材料 Ⓓ 混和過篩後，加入拌勻。

4　將麵糊倒入模型中至 9 分滿。

5　進爐烘烤以爐溫上火 250℃下火 /220℃烤約
　15 分鐘。

TIPS ……………………………………………………………

1. 烤檸檬米炸彈須用高溫烘烤，中間才能炸得很高。
2. 因高溫烘烤容易上色，如上色後，需將溫度降為 150℃再烤至熟。

20／香蕉米蛋糕

成品數量：日式 8 吋模 *1 個 (6 吋 *2 個)

材料：

Ⓐ 蛋黃 5 個、糖 10g

Ⓑ 牛奶 50g、橄欖油 50g

Ⓒ 香蕉泥 100g、蘭姆酒 5g、
　檸檬汁 5g

Ⓓ 蓬萊米粉 100g、
　玉米粉 20g

Ⓔ 蛋白 5 個、細砂糖 90g

製作過程：

1　先將材料 Ⓐ 拌勻；打發。

2　材料 Ⓑ 加入拌勻，材料 Ⓒ 也加入拌勻。

3　再將 Ⓓ 料加入拌勻備用。

4　材料 Ⓔ 的蛋白先打起泡，細砂糖分 3 次加入打發。

5　將作法 (4) 分 3 次加入作法 (3) 中拌勻。

6　倒入模型後，敲一下，進爐。

7　以爐溫上火 200℃下火 /150℃烤約 25 分鐘。

Part 2

米麵包類

21／火焰米土司

成品數量：12 兩吐司模 *2 條

中種部份：

Ⓐ 紅色火龍果 150g、
米湯種 30g、乾酵母 5g、
高筋麵粉 350g

主麵糰部份：

Ⓑ 米湯種 50g、蛋 50g、乾酵母 5g
Ⓒ 高筋麵粉 100g、鹽 5g、
細砂糖 80g、奶粉 20g
Ⓓ 發酵奶油 40g
Ⓔ 蛋液少許

製作過程：

1　先將材料 Ⓐ 的火龍果搗爛，和米湯種和酵母拌溶，再加入高筋麵粉打至成
　　糰即可。(發酵 1 ～ 2 小時成蜂窩狀即可)

2　材料 Ⓑ 先拌至酵母溶解，再加入材料 Ⓒ 拌勻。

3　再將作法 (1) 加入，打至捲起階段。

4　續加入發酵奶油，打至完成階段，中間發酵 30 分鐘。

5　將麵糰分割成每個 160g，滾圓，鬆弛 10 分鐘，壓扁，翻面，捲成長筒狀，
　　收口掐緊，再搓成約 30 公分長條狀。

6　取 3 條麵糰頭壓緊，再進行編辮子至尾端掐緊，頭尾往內摺，放入吐司模。

7　發酵至 9 分滿，刷上蛋液，進爐。

8　以上火 150℃下火 /200℃烤 20 分鐘，調頭再烤 15 分鐘。

9　烤至表面金黃馬上出爐。

TIPS ···

米湯種作法請參考 P11 頁。

22／紫薯牛奶麵包

成品數量：60g *20 個

材料：

ⓐ 米湯種 230g、乾酵母 5g、高筋麵粉 350g
ⓑ 米湯種 80g 動物性鮮奶油 40g、乾酵母 5g
ⓒ 高筋麵粉 150g、鹽 5g、細砂糖 50g、奶粉 30g、
　 地瓜泥 50g、煮熟紫米飯 50g
ⓓ 發酵奶油 40g
ⓔ 關東地瓜 20 條
ⓕ 蛋液少許

製作過程：

1　先將材料 ⓐ 的米湯種和酵母拌溶，再加入高筋麵粉打至成糰
　　即可。(發酵 1-2 小時成蜂窩狀即可)

2　材料 ⓑ 先拌勻後，再加入材料 ⓒ 拌勻。

3　再將作法 (1) 加入，打至捲起階段。

4　最後加入奶油，打至完成階段，中間發酵 30 分鐘。

5　將麵糰分割成每個 60g，滾圓，鬆弛 10 分鐘，壓扁，翻面，
　　放一條關東地瓜，捲成長筒狀，收口捏緊。

6　發酵至 2 倍大，刷上蛋液，進爐。

7　以上火 200℃下火 /150℃烤 10 分鐘，調頭再烤 5 分鐘。

8　烤至金黃馬上出爐。

TIPS ···

如市面有賣紫地瓜，可用它來取代，麵糰顏色會呈現紫色。

23／碗豆米麵包

成品數量：60g *20 個

材料：

Ⓐ 米湯種 250g、碗豆仁 100g、
乾酵母 5g、高筋麵粉 350g

Ⓑ 米湯種 500g、乾酵母 5g

Ⓒ 高筋麵粉 150g、鹽 5g、
細砂糖 60g、奶粉 40g

Ⓓ 發酵奶油 30g

Ⓔ 披薩絲適量、碗豆末適量

Ⓕ 糖蛋液適量

製作過程：

1　先將材料 Ⓐ 的米湯種和碗豆一起打成汁，再和酵母拌溶後，加入高筋麵粉打至成糰，
　　發酵 1 ～ 2 小時成蜂窩狀即可。

2　材料 Ⓑ 先拌勻至酵母溶解，再加入材料 Ⓒ 拌勻。

3　再將作法 (1) 加入，打至捲起階段。

4　最後加入發酵奶油，打至完成階段，中間發酵 30 分鐘。

5　將麵糰分割成每個 60g，滾圓；鬆弛 10 分鐘，壓扁，翻面，捲成橄欖型，收口收緊。

6　發酵至 2 倍大，將麵糰劃 1 刀，刷蛋液，灑上披薩絲，及少許碗豆末即可進爐。

7　以上火 200℃下火 /150℃烤 10 分鐘，調頭再烤 5 分鐘。

8　烤至金黃出爐，馬上刷糖蛋液。

TIPS ···

1. 如市面有賣紫地瓜，可用它來取代，麵糰顏色會呈現紫色。
2. 糖蛋液：蛋黃 20g、沙拉油 20g、轉化糖漿 10g，一起拌勻即可。

24／紫高麗起士麵包

成品數量：100g *10 個

材料：

Ⓐ 紫高麗菜汁 225g、乾酵母 5g、
　高筋麵粉 350g

Ⓑ 紫高麗菜汁 50g、蛋 50g、乾酵母 5g

Ⓒ 高筋麵粉 150g、鹽 5g、細砂糖 65g、
　奶粉 40g

Ⓓ 發酵奶油 40g

Ⓔ 不溶乳酪丁適量、杏仁片適量

Ⓕ 蛋液少許、糖蛋液適量

製作過程：

1　先將材料 Ⓐ 的紫高麗菜汁和酵母拌溶後，加入高筋麵粉打至成糰，發酵 1 ～ 2 小時成蜂窩狀即可。

2　材料 Ⓑ 先拌勻至酵母溶解，再加入材料 Ⓒ 拌勻。

3　再將作法 (1) 加入，打至捲起階段。

4　最後加入發酵奶油，打至完成階段，鬆馳 30 分鐘。

5　將麵糰分割每個 100g，滾圓，鬆弛 10 分鐘。

6　壓扁，翻面，切 4 刀不斷，灑少許不溶乳酪丁，捲成長筒狀，收口收緊，沾上蛋液，再沾上杏仁片，即可放入烤盤。

7　發酵至 2 倍大。

8　以上火 200℃下火 /150℃烤 12 分鐘，調頭再烤 5 分鐘。

9　烤至金黃出爐，馬上刷糖蛋液。

TIPS ···

紫高麗菜汁作法：紫高麗菜 120g 加米湯種 280g 一起用果汁機打成汁。

25／黃金十穀米麵包

成品數量：65g *16 個

材料：

Ⓐ 枸杞水 200g、乾酵母 5g、高筋麵粉 350g
Ⓑ 枸杞水 50g、蛋 75g、乾酵母 5g
Ⓒ 高筋麵粉 150g、鹽 5g、細砂糖 90g、煮熟十穀飯 100g
Ⓓ 發酵奶油 30g
Ⓔ 蛋液少許

製作過程：

1 先將材料 Ⓐ 的枸杞水和酵母拌溶後，加入高筋麵粉打至成糰，發酵 1 ～ 2 小時成蜂窩狀即可。

2 材料 Ⓑ 先拌勻至酵母溶解，再加入材料 Ⓒ 拌勻。

3 再將作法 (1) 加入，打至捲起階段。

4 最後加入發酵奶油，打至完成階段，中間發酵 30 分鐘。

5 將麵糰分割成每個 65g，滾圓，鬆弛 10 分鐘，再滾圓一次，收口收緊，放入模型。

6 發酵至 2 倍大，刷上蛋液，表面用刀片畫十字，即可進爐。

7 以上火 200℃下火 /150℃烤 10 分鐘，調頭再烤 5 分鐘。

8 烤至金黃即可出爐。

TIPS ··

枸杞水作法：枸杞 50g 加米湯種 250g 用果汁機打成汁，過濾後，取汁，渣不要。

26／翡翠蔓越莓麵包

成品數量：100g *15 個

材料：

Ⓐ 米湯種 300g、菠菜葉 120g、
　乾酵母 5g、高筋麵粉 600g

Ⓑ 米湯種 50g、乾酵母 5g

Ⓒ 高筋麵粉 150g、鹽 5g、細砂糖 60g、
　奶粉 45g、酵素 1g、煮熟白米飯 100g

Ⓓ 發酵奶油 60g、蔓越莓乾 100g

Ⓔ 杏仁片適量、蛋液少許

製作過程：

1　先將材料 Ⓐ 的米湯種和菠菜葉打成汁，再和酵母拌溶後，加入高筋麵粉打至成糰，
　發酵 1～2 小時成蜂窩狀即可。

2　材料 Ⓑ 先拌勻至酵母溶解，再加入材料 Ⓒ 拌勻。

3　再將作法 (1) 加入，打至捲起階段。

4　最後加入發酵奶油，打至完成階段，最後再加入蔓越莓乾即可，中間發酵 30 分鐘。

5　將麵糰分割成每個 100g，滾圓，鬆弛 10 分鐘，擀開，捲成長條狀，再搓約 30～
　35 公分，頭尾反方向轉一轉，再對折，自然成麻繩狀再打結，放入紙模裡。

6　發酵至 2 倍大，刷上蛋液，灑上杏仁片，即可進爐。

7　以上火 200℃下火 /170℃烤 12 分鐘，調頭再烤 5 分鐘。

27／羅勒爆漿起士

成品數量：10 個

中種部份：

Ⓐ 米湯種 200g、九層塔 30g、
　乾酵母 5g、高筋麵粉 450g

主麵糰部份：

Ⓑ 米湯種 30g、蛋 50g、乾酵母 5g
Ⓒ 法國麵包粉 100g、鹽 5g、
　細砂糖 80g、奶粉 30g
Ⓓ 發酵奶油 50g

內餡：

Ⓔ 起士片 10 片
Ⓕ 煙燻雞肉 200g、洋蔥丁 50g、
　什錦豆 100g、不溶乳酪丁 100g、
　黑胡椒粒 12g
　（以上材料拌在一起即為內餡）
Ⓕ 蛋液少許

製作過程：

1　先將材料 Ⓐ 的米湯種和九層塔打成汁，再和酵母拌至溶解，加入高筋麵粉
　打至成糰，發酵 1 ～ 2 小時成蜂窩狀即可。

2　材料 Ⓑ 先拌匀至酵母溶解後，再加入材料 Ⓒ 拌匀。

3　續將作法 (1) 加入，打至捲起階段。

4　最後加入奶油，打至完成階段。

5　將麵糰分割成每個 100g，滾圓，鬆弛 10 分鐘，壓扁，翻面，先放上起士片，
　再放入內餡，收口捏緊。

6　發酵至 2 倍大，刷上蛋液，中間用剪刀剪十字，即可進爐。

7　以上火 190℃下火 /170℃烤 12 分鐘，調頭再烤 8 分鐘。

TIPS ....

喜歡九層塔的可在內餡加中 50g 九層塔味道更佳。

28／洛神米麵包

成品數量：60g*18 個

材料：

Ⓐ 米湯種 220g、乾酵母 5g

Ⓑ 高筋麵粉 370g

Ⓒ 米湯種 50g、蛋白 40g、乾酵母 5g

Ⓓ 低筋麵粉 130g、鹽 5g、細砂糖 70g、
　　奶粉 20g

Ⓔ 奶油 40g

Ⓕ 蜜糖洛神花 200g

Ⓖ 蛋液少許

製作過程：

1　先將材料 Ⓐ 拌溶後，材料 Ⓑ 加入打至成糰。(發酵 1 ～ 2 小時成蜂窩狀
　　即可)

2　材料 Ⓒ 先拌勻至酵母溶解，再加入材料 Ⓓ 拌勻。

3　再將作法 (1) 加入，打至捲起階段。

4　最後加入奶油，打至完成階段，再加入材料 F 拌勻即可，中間發酵 30 分
　　鐘。

5　將麵糰分割成每個 60g，滾圓，鬆弛 10 分鐘，擀開，翻面，捲長條狀，

6　再搓長約 30 公分，頭尾相反轉再對摺，將兩端打結，放入紙杯中發酵。

7　發酵至 9 分滿，刷上蛋液，進爐。

8　以上火 190℃下火 /170℃烤 10 分鐘，調頭再烤 5 分鐘。

9　烤至呈現金黃色即可出爐。

TIPS ···

1. 中種夏天發 1 小時，冬天發約 2 小時。

2. 蛋液比例為全蛋 1：水 2

29／養生胚芽雜糧麵包

成品數量：100g*10 個

中種部份材料：

Ⓐ 米湯種 300g、酵母 5g、
　高筋麵粉 300g、
　雜糧粉 100g、胚芽粉 50g
Ⓑ 酵母 5g、米湯種 25g
Ⓒ 高筋麵粉 150g、
　細砂糖 50g、鹽 5g
Ⓓ 奶油 50g
Ⓔ 核桃 100g、蔓越莓 100g

裝飾材料：

Ⓕ 麥片適量

製作過程：

1　先將材料 Ⓐ 的米湯種和酵母拌溶，再加入其他材料打至成糰。(發酵 1 ～ 2 小時成蜂窩狀即可)

2　材料 Ⓑ 先拌勻至酵母溶解，再加入材料 Ⓒ 拌勻。

3　再將作法 (1) 加入，打至捲起階段。

4　最後加入奶油，打至完成階段，最後加入核桃及蔓越莓拌均勻即可，中間發酵 30 分鐘。

5　將麵糰分割成每個 100g，滾圓，鬆弛 10 分鐘，壓扁，翻面，整形成橄欖形，收口掐緊，沾水沾麥片。

6　發酵至 2 倍大，表面斜割 2 刀，即可進爐烘烤。

7　以上火 200℃下火 /160℃烤 12 分鐘，調頭再烤 5 分鐘。

30／糙米麵包

成品數量：100g *11 個

材料：

Ⓐ 米湯種 225g、酵母 5g
Ⓑ 高筋麵粉 350g
Ⓒ 米湯種 75g、蛋 25g、
　酵母 5g
Ⓓ 高筋麵粉 150g、
　熟糙米飯 100g、
　鹽 5g、糖 50g
Ⓔ 湯種 75g
Ⓕ 奶油 50g
Ⓖ 德式熱狗 11 支
Ⓗ 蛋液少許

製作過程：

1　先將材料 Ⓐ 拌溶解後，加入材料 Ⓑ，打至成糰，鬆弛 90 分鐘。

2　材料 Ⓒ 拌勻至酵母溶解後，再加入材料 Ⓓ 打勻。

3　再加入材料 Ⓔ、及作法 (1) 打至成糰。

4　最後加入奶油，打至完成階段，鬆弛 30 分鐘。

5　將麵糰分割成每個 100g，滾圓，鬆弛 15 分鐘，擀開，放上德式熱狗，捲成長筒狀。

6　發酵至 2 倍大，刷上蛋液，再用剪刀斜剪成稻穗狀，進爐。

7　以上火 190 下火 /160 約烤 12 分鐘，掉頭再烤 5 分鐘。

TIPS ···

糙米飯：糙米 1 杯＋水 1 杯煮半熟即可。

31／玫瑰花語

12 兩吐司模 *2 條

中種部份：

Ⓐ 米湯種 220g、乾酵母 5g
Ⓑ 高筋麵粉 370g

主麵糰部份：

Ⓒ 米湯種 40g、蛋白 40g、玫瑰花釀 40g、
　　乾酵母 5g
Ⓓ 低筋麵粉 90g、鹽 5g
Ⓔ 細砂糖 70g、奶粉 20g、玫瑰花瓣 10g
Ⓕ 奶油 40g
Ⓖ 蛋液少許

製作過程：

1　先將材料 Ⓐ 拌至酵母溶解後，材料 Ⓑ 加入，打至成糰。(發酵 1 ～ 2 小時成蜂窩狀即可)

2　材料 Ⓒ 先拌勻至酵母溶解後，再加入材料 Ⓓ 拌勻。

3　續將作法 (1) 加入，打至捲起階段。

4　最後加入奶油，打至完成階段，中間發酵 30 分鐘。

5　將麵糰平均分割成 6 小糰，滾圓，鬆弛 10 分鐘。

6　將麵糰擀開，捲兩次，對切，切口朝下。

7　各取 6 糰放入吐司模中。

8　發酵至 9 分滿，刷上蛋液，進爐。

9　以上火 150℃下火 /200℃烤 20 分鐘，調頭再烤 15 分鐘。

10　烤至呈現金黃色即可出爐。

32／藍莓格斯麵包

成品數量：100g *10 個

中種材料：

Ⓐ 米湯種 180g、乾酵母 5g、
　 高筋麵粉 350g

主麵糰材料：

Ⓑ 米湯種 50g、蛋 50g、乾酵母 5g
Ⓒ 高筋麵粉 100g、鹽 5g、
　 細砂糖 80g、奶粉 20g
Ⓓ 發酵奶油 40g

裝飾：

Ⓔ 藍莓醬 150g、卡士達醬 150g
Ⓕ 奶油 90g、糖 90g、
　 低筋麵粉 200g
＊將所有材料 Ⓕ 拌勻，再搓成沙狀，
　 冰冷凍即為沙菠蘿。
Ⓖ 蛋液少許

製作過程：

1　先將材料 Ⓐ 的米湯種和酵母拌溶，再加入高筋麵粉打至成糰。(發酵 1 ～ 2 小
　 時成蜂窩狀即可)

2　材料 Ⓑ 先拌勻至酵母溶解後，再加入材料 Ⓒ 拌勻。

3　續將作法 (1) 加入，打至捲起階段。

4　最後加入奶油，打至完成階段，中間發酵 30 分鐘。

5　將麵糰分割成每個 100g，滾圓，鬆弛 10 分鐘，壓扁，翻面，捲成長筒狀，收
　 口掐緊，放入紙模。

6　發酵至 2 倍大，刷上蛋液，表面擠上藍莓醬及卡士達醬，灑上沙菠蘿，進爐。

7　以上火 200℃下火 /170℃烤 12 分鐘，調頭再烤 5 分鐘。

8　烤至呈現金黃色即可出爐。

TIPS ···

1. 沙菠蘿拌成糰後，可先冰至微硬，取出用切割板切碎，再冰冷凍備用。
2. 卡士達醬作法：冰牛奶 120g 加卡士達粉 40g 一起拌勻即可。

33／羅勒鮪魚起士

成品數量：60g *16 個

中種部份：

Ⓐ 米湯種 200g、九層塔 30g、
乾酵母 5g、高筋麵粉 450g

主麵糰部份：

Ⓑ 米湯種 30g、蛋 50g、乾酵母 5g
Ⓒ 法國麵包粉 150g、鹽 5g、
細砂糖 80g、奶粉 30g、酵素 1g
Ⓓ 發酵奶油 50g

鮪魚醬：

Ⓔ 鮪魚罐頭 1 罐、洋蔥丁 150g、
洋蔥調味粉 12g 一起拌勻即可
Ⓕ 起士片 16 片
Ⓖ 蛋液少許

製作過程：

1 先將材料 Ⓐ 的米湯種和九層塔打成汁，再和酵母拌溶後，加入高筋麵粉打至
成糰，發酵 1 ～ 2 小時成蜂窩狀即可。

2 材料 Ⓑ 先拌勻至酵母溶解後，再加入材料 Ⓒ 拌勻。

3 續將作法 (1) 加入，打至捲起階段。

4 最後加入發酵奶油，打至完成階段，中間發酵 30 分鐘。

5 將麵糰分割成每個分割 60g，滾圓，鬆弛 10 分鐘，擀開，翻面，整成橄欖形。

6 發酵至 2 倍大，刷上蛋液，中間劃 1 刀，填入鮪魚醬，表面再放一片起士片，
即可進爐。

7 以上火 190℃下火 /160℃烤 10 分鐘，調頭再烤 5 分鐘。

34／牛奶米哈斯

成品數量：100g *10 個

中種部份：

Ⓐ 牛奶 300g、乾酵母 5g、
　高筋麵粉 350g

主麵糰部份：

Ⓑ 牛奶 25g、蛋黃 30g、乾酵母 5g
Ⓒ 低筋麵粉 100g、蓬萊米粉 50g、
　鹽 10g、細砂糖 50g、白飯 120g
Ⓓ 發酵奶油 40g
Ⓔ 蛋液少許

製作過程：

1　先將材料 Ⓐ 的米湯種和酵母拌溶，再加入高筋麵粉打至成糰。(發酵 1～
　2 小時成蜂窩狀即可)

2　材料 Ⓑ 先拌勻至酵母溶解後，再加入材料 Ⓒ 拌勻。

3　續將作法 (1) 加入，打至捲起階段。

4　最後加入發酵奶油，打到至完成階段，中間發酵 30 分鐘。

5　將麵糰分割成每個 100g，滾圓，鬆弛 10 分鐘，壓扁，翻面，捲成長筒
　狀，收口捏緊，放入烤盤。

6　發酵至 2 倍大，刷上蛋液，用刀片橫畫 5 刀，即可進爐。

7　以上火 200℃下火 /160℃烤 12 分鐘，調頭再烤 5 分鐘。

8　烤至呈現金黃色即可出爐。

35／紫米湯種麵包

成品數量：100g*12 個

中種部份：

Ⓐ 米湯種 225g、酵母 5g
Ⓑ 高筋麵粉 350g

主麵糰部份：

Ⓒ 米湯種 75g、蛋 25g、酵母 5g
Ⓓ 高筋麵粉 150g、紫米飯 100g、鹽 5g、糖 50g
Ⓔ 湯種 75g（作法請參考 P10 頁）
Ⓕ 奶油 50g
Ⓖ 不溶乳酪丁 360g
Ⓗ 蛋液少許

製作過程：

1 材料 Ⓐ 拌勻後，加入材料 Ⓑ 打成糰，鬆弛 90 分鐘呈蜂窩狀即可。

2 將材料 Ⓒ 拌勻至酵母溶解後，再加入材料 Ⓓ 打勻。

3 再加入材料 Ⓔ、及作法 (1) 打至成糰。

4 最後加入奶油，打至完成階段，鬆弛 30 分鐘。

5 將麵糰分割成每個 100g，滾圓，鬆弛 15 分鐘，擀開約 20 公分長，兩邊各切 10 刀 (橫切中間不切斷)，放上不溶乳酪丁 (30g)。

6 再將兩邊的麵糰交叉疊，疊在一起，至尾端至收尾。

7 發酵至 2 倍大，刷上蛋液，進爐。

8 以上火 190℃下火 /160℃約烤 12 分鐘，掉頭再烤 5 分鐘。

36／伯爵米湯種

成品數量：100g*10 個

材料：

Ⓐ 米湯種 210g、乾酵母 5g、
　 高筋麵粉 350g

Ⓑ 茶液 50g、蛋 50g、酵母 5g

Ⓒ 高筋麵粉 150g、糖 90g、鹽 6g、
　 伯爵茶葉末 5g(茶包)

Ⓓ 湯種 75g（作法請參考 P10 頁）

Ⓔ 發酵奶油 50g

Ⓕ 蛋液少許

內餡：

Ⓖ 發酵奶油 225g、糖 60g

＊發酵奶油打發後，加糖拌至均
　勻沒有顆粒即可。

製作過程：

1　先將材料 Ⓐ 的米湯種和酵母拌溶後，再加入高筋麵粉打至成糰。(發酵 1 〜
　 2 小時成蜂窩狀即可)

2　材料 Ⓑ 先拌勻至酵母溶解後，加入材料 Ⓒ 拌勻。

3　續將作法 (1)、及材料 Ⓓ 加入，打至捲起階段。

4　最後加入發酵奶油，打至完成階段，鬆弛 30 分鐘。

5　將麵糰分割成每個 100g，滾圓，鬆弛 10 分鐘，壓扁，翻面，捲成長筒狀，
　 收口掐緊，放入烤盤。

6　發酵至 2 倍大，刷上蛋液，用刀片直畫 5 〜 6 刀，即可進爐。

7　以上火 200℃下火 /160℃烤 12 分鐘，調頭再烤 5 分鐘。

8　烤至呈現金黃馬上出爐，待涼，抹上內餡，即可食用。

TIPS ··

茶液作法：伯爵茶包 1 包加 60g 熱水泡 5 分鐘，取出茶包，待涼備用。

37／芋香米湯種

成品數量：16 杯

材料：

ⓐ 米湯種 230g、乾酵母 5g
ⓑ 高筋麵粉 350g
ⓒ 米湯種 80g、蛋白 30g、
　 芋泥香精 2g、乾酵母 5g
ⓓ 高筋麵粉 150g、鹽 5g、
　 細砂糖 50g、奶粉 20g
ⓔ 奶油 40g

芋泥餡：

ⓕ 新鮮芋頭泥 (熱的)400g、
　 動物性鮮奶油 80g、
　 糖 80g(將所有材料拌勻即可)
ⓖ 蛋液少許、杏仁片適量

製作過程：

1　先將材料 ⓐ 拌溶解後，材料 ⓑ 加入，打至成糰，待發酵 90 分鐘 (呈蜂窩狀即可)。

2　材料 ⓒ 先拌勻至酵母溶解後，再加入材料 ⓓ 拌勻。

3　續將作法 (1) 加入，打至捲起階段。

4　最後加入奶油，打到完成階段，中間發酵 30 分鐘。

5　將麵糰分割成每個 50g，滾圓，鬆弛 10 分鐘，壓扁，翻面，包入芋頭餡，收口收緊。

6　沾上蛋液、再沾上杏仁片，放入紙杯中。

7　發酵至 9 分滿，進爐。

8　以上火 190℃下火 /180℃烤 10 分鐘，調頭再烤 5 分鐘。

9　烤至呈現金黃色即可出爐。

38／布丁水果米樂園

成品數量：95g*10 個

材料：

Ⓐ 米湯種 230g、乾酵母 5g
Ⓑ 高筋麵粉 350g
Ⓒ 米湯種 80g、蛋白 30g、
　乾酵母 5g
Ⓓ 高筋麵粉 150g、鹽 5g、
　細砂糖 50g、奶粉 20g
Ⓔ 奶油 40g

內餡：

Ⓕ 布丁餡 250g、芋泥餡 250g(將兩者
　混和備用)
*布丁餡作法：牛奶 200g、卡士達粉
　　　　　　 60 g 一起拌勻即可。
Ⓖ 芒果 1 顆、鳳梨 1/4 個、
　紅櫻桃 20 粒、奇異果 1 顆
Ⓗ 蛋液少許

製作過程：

1　先將材料 Ⓐ 拌溶解後，材料 Ⓑ 加入，打至成糰，待發酵90分鐘(呈蜂窩狀即可)。

2　材料 Ⓒ 先拌勻至酵母溶解後，再加入材料 Ⓓ 拌勻。

3　續將作法 (1) 加入，打至捲起階段。

4　最後加入奶油，打到完成階段，中間發酵 30 分鐘。

5　將麵糰分割成每個 95g，滾圓，鬆弛 10 分鐘，壓扁，翻面，捲成橄欖形，收口
　收緊。

6　發酵至 2 倍大，刷上蛋液，進爐。

7　以上火 190℃下火 /160℃烤 12 分鐘，調頭再烤 5 分鐘。

8　烤至呈現金黃色即可出爐。

9　待涼，麵包外圍用水果刀沿表皮劃一圈，再將中間麵包往下壓至成為一個凹槽。

10　擠上芋泥布丁餡，再放上洗淨切好的水果做裝飾即可。

39／五彩繽紛

成品數量：8 吋天使模 *2 個

材料：

Ⓐ 鮮奶 150g、白飯 25g、酵母 5g
Ⓑ 高筋麵粉 250g
Ⓒ 鮮奶 15g、酵母 5g
Ⓓ 高筋麵粉 125g、細砂糖 40g、
　鹽 4g、奶油 165g
Ⓔ 葡萄乾 100g、蜜餞水果 100g、
　蘭姆酒數量 30g
　（先一起拌勻，浸泡 20 分鐘）
Ⓕ 蛋液少許

製作過程：

1 先將材料 Ⓐ 一起拌均勻，材料 Ⓑ 加入，打均勻，
　發酵 90 分鐘，呈蜂窩狀即可。

2 材料 Ⓒ 加入拌勻，再加入材料 Ⓓ 打至完成階段。
　（扯開成薄膜，扯破成光滑圓孔狀，無鋸齒狀）

3 最後加入材料 Ⓔ 拌勻，鬆弛 30 分鐘。

4 將麵糰分割成每個 50g，滾圓，鬆弛 10 分鐘，再
　滾圓一次，直接放入模型中。

5 發酵至 9 分滿，表面刷蛋液，進爐。

6 以上火 150℃下火 /190℃烤 25 ～ 30 分鐘。

TIPS ···

每一模放 10 個麵糰。

40／貝果

成品數量：80g*10 個

材料：

Ⓐ 米湯種 225g、
　 乾酵母 8g
Ⓑ 高筋麵粉 500g、
　 細砂糖 20g、鹽 10g
Ⓒ 奶油 20g
Ⓓ 蛋液少許

製作過程：

1　材料 Ⓐ 先拌溶解，材料 Ⓑ 加入，打至捲起階段。

2　加入材料 Ⓒ 打至均勻，鬆弛 20 分鐘。

3　將麵糰分割成每個 80g，滾圓，放冷藏冰 30 分鐘。

4　取出麵糰，擀開，捲成長條狀，再搓成長條約 20 公分。

5　取一端擀薄片，再將另一端放上，包起來，收口掐緊。

6　煮一鍋水約至 80℃，將麵糰正面朝下燙約 15 秒，翻面
　 再燙 15 秒。

7　撈出，放入烤盤，進行最後發酵。

8　發酵至 2 倍大，刷上蛋液，進爐。

9　以上火 200℃下火/160℃約烤 12 分鐘，掉頭再烤 5 分鐘。

10　烤至上、下都呈現金黃色即可出爐。

Part 3

米餅乾類

41／栗子乳酪月餅

成品數量：20 個

材料：

Ⓐ 中筋麵粉 190g、蓬萊米粉 30g、糖粉 25g、無水奶油 90g、水 90g
Ⓑ 低筋麵粉 150g、無水奶油 75g
Ⓒ 栗子 20g
Ⓓ 乳酪 200g
Ⓔ 烏豆沙 300g
Ⓕ 蛋液少許、南瓜子 80 片

製作過程：

1　材料 Ⓐ 全部混和揉至成糰即可，鬆弛 15 分鐘。(為油皮)

2　材料 Ⓑ 拌勻即可。(為油酥)

3　分割油皮每個 20g，油酥每個 10g，烏豆沙每個 15g，乳酪每個 10 g，栗子 1 粒。

4　油皮包油酥，擀捲 2 次備用。

5　先將乳酪壓扁，放上栗子，包緊備用。

6　再換烏豆沙壓扁，放上作法 (5)，也將它包緊。(為內餡)

7　將作法 (4) 放桌上，收口朝下，擀至手掌心大小，翻面，收口朝上，放上備好的內餡 (作法 6) 收口收緊，放入烤盤。

8　表面刷上蛋液，再放上 4 片南瓜子，即可進爐。

9　以上火 190℃下火 /160℃烤約 15 分鐘，掉頭再烤 10 分鐘。

42／芋頭酥

成品數量：30 個

材料：

Ⓐ 中筋麵粉 280g、蓬萊米粉 50g、
　 糖粉 33g、無水奶油 105g
Ⓑ 低筋麵粉 210g、無水奶油 105g
Ⓒ 芋頭餡 600g
Ⓓ 麻糬 30 顆

製作過程：

1　材料 Ⓐ 全部混合揉至成糰即可，鬆弛 20 分鐘。(為油皮)

2　材料 Ⓑ 拌勻即可。(為油酥)

3　分割油皮每個 40g，油酥每個 20g，芋頭餡每個 30g

4　油皮包油酥，擀捲 2 次。

5　從中對切，切口朝下壓扁，放上芋頭餡，再放上一顆麻糬，收口收緊。

6　放入烤盤，進爐。

7　以爐溫上火 190℃ / 下火 160℃烤約 15 分鐘，掉頭再烤 5 ～ 10 分鐘。

TIPS

烤芋頭酥容易爆餡，所以烤約 20 分鐘時就要注意，如餅內餡爆出來，要馬上出爐。

43／蛋黃酥

成品數量：20 個

材料：

Ⓐ 中筋麵粉 200g、糖粉 40g、豬油 90g、水 90g
Ⓑ 低筋麵粉 140g、豬油 70g
Ⓒ 鴛鴦豆沙 600g
Ⓓ 鹹蛋黃 10 個
Ⓔ 蛋液少許、黑芝麻適量

製作過程：

1 材料 Ⓓ 以爐溫上火 150℃／下火 150℃烤 10 分鐘出爐，噴上酒備用。

2 材料 Ⓐ 全部混合揉至成糰即可，鬆弛 20 分鐘。(為油皮)

3 材料 Ⓑ 拌勻即可。(為油酥)

4 分割油皮每個 20g，油酥每個 10ｇ，豆沙餡每個 30g，鹹蛋黃放半個。

5 油皮包油酥，擀捲 2 次。

6 將做法 (5) 放桌上，收口朝下，擀至手掌心大小，翻面，收口朝上，放上內餡及鹹蛋黃，收口收緊，放入烤盤。

7 刷上蛋液，灑上黑芝麻，即可烘烤。

8 以上火 190℃／下火 160℃烤約 15 分鐘，掉頭再烤 10 分鐘。

TIPS ···

1. 做素食的可將豬油改為無水奶油即可。
2. 鹹蛋黃可用素蛋黃或麻糬取代。
3. 蛋液：蛋黃 1 個加水 1/4 茶匙拌勻即可。

44／桂花松子酥

成品數量：20 個

材料：

Ⓐ 中筋麵粉 190g、蓬萊米粉 30g、糖粉 25g、
　無水奶油 90g、水 90g
Ⓑ 低筋麵粉 150g、無水奶油 75g

桂花松子餡：

Ⓒ 白豆沙 250g、桂花醬 (鹹的)10g、
　烤熟松子 50g 一起拌勻即可
Ⓓ 蛋液少許

製作過程：

1　材料 Ⓐ 全部混合揉至成糰，鬆弛 15 分鐘。(為油皮)

2　材料 Ⓑ 拌勻即可。(為油酥)

3　分割油皮每個 20g，油酥每個 10g，桂花松子餡每個 20g。

4　油皮包油酥，擀捲 2 次。

5　將做法 (4) 放桌上，收口朝下，擀至手掌心大小，翻面，收口朝上，
　放上桂花松子餡，收口收緊，壓扁 (約 2 公分高)，放入烤盤。

6　正面朝下，即可進爐。

7　以上火 190℃ / 下火 160℃烤約 15 分鐘，翻面掉頭再烤 10 分鐘。

45／鮑魚酥

成品數量：18 個

材料：

Ⓐ 奶油 50g、糖粉 25g、
　 水 50g、中筋麵粉 100gg、
　 蓬萊米粉 25g
Ⓑ 低筋麵粉 80g、奶油 40g
Ⓒ 奶油 75g、糖 60g、
　 棉白糖 70g、煉乳 15g、
　 小蘇打 1g、鹽 2g、蛋 50g
Ⓓ 低筋麵粉 250g
Ⓔ 蛋液少許、白芝麻適量

製作過程：

1 材料 Ⓐ 混合揉成至糰，鬆弛 20 分鐘，分割成 20 個。(為油皮)

2 材料 Ⓑ 拌勻即可，分割成 20 個。(為油酥)

3 材料 Ⓒ 混合均勻後，分割成 20 個。(為內餡)

4 油皮包油酥，擀捲 2 幾次，包上內餡，再擀成長條狀，捲回，對摺，由對摺那邊對切，預留 1 公分不切斷。翻開成 8 字形狀，再用手壓扁約 1 公分厚。

5 刷上蛋液，灑上白芝麻，即可烘烤。

6 以上火 175℃ / 下火 190℃烤約 20 ～ 25 分鐘。

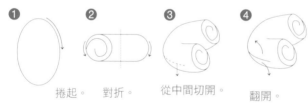

❶ 捲起。　❷ 對折。　❸ 從中間切開。　❹ 翻開。

46／原味米香

成品數量：23 個

材料：

Ⓐ 米果 300g、花生 70g

Ⓑ 水 70g、轉化糖漿 100g、
水麥芽 90g、海藻糖 100g、
砂糖 50g、鹽 2g

Ⓒ 奶油 10g

Ⓓ 油蔥酥 40g、乾燥蔥 10g

製作過程：

1 將材料 Ⓐ 以 100℃保溫備用。

2 材料 Ⓑ 煮至 128℃，材料 Ⓒ 加入拌勻。

3 最後將作法 (1) 及材料 Ⓓ 加入一起拌勻。

4 趁熱整形，壓模。

TIPS ·······························

1. 花生保溫時要藏在米果中間，以免燒焦。

2. 花生可用杏仁片代替。(杏仁片須先烤熟)。

3. 作好米香溫溫的就可以包裝，以免受潮。

47／花生脆餅

成品數量：約 100 片

材料：

Ⓐ 奶油 100g、花生醬 100g、
　 砂糖 20g

Ⓑ 雞蛋 2 個 (約 100g)

Ⓒ 低筋麵粉 80g、
　 蓬萊米粉 60g

製作過程：

1　將材料 Ⓐ 先一起打軟。

2　材料 Ⓑ 打散，分次加入作法 (1) 中拌勻。

3　材料 Ⓒ 過篩後，倒入作法 (2) 拌勻，鬆弛 15 分鐘。

4　整形成長條狀，冰冷凍後，取出，切片約 0.5 公
　 分厚度，進爐烘烤。

5　以上火 180℃下火 /150℃烤約 13 分鐘，掉頭再烤
　 7 分鐘。

TIPS ·······

1. 也可以分割每個 10g，搓圓，放入烤盤，再將麵糰壓扁。

2. 花生醬可用有顆粒的會比較香。

48／蔓越莓脆餅

成品數量：50 片

材料：

Ⓐ 奶油 105g、細砂糖 150g、
　　鹽 1g、小蘇打 1g
Ⓑ 蛋 50g
Ⓒ 低筋麵粉 140g、
　　蓬萊米粉 30g、泡打粉 1g
Ⓓ 杏仁角 200g、
　　蔓越莓乾 100g

製作過程：

1　將材料 Ⓐ 先一起打勻。

2　材料 Ⓑ 分 2 ～ 3 次加入，拌勻。

3　材料 Ⓒ 混和過篩後，加入一起拌勻。

4　最後將材料 Ⓓ 加入，拌勻即可。

5　鬆弛 20 分鐘，分割成每個 15g，搓圓，放入烤盤。

6　以爐溫上火 180℃／下火 150℃度烤 15 分鐘後，
　　關下火，燜 5 ～ 10 分鐘。

49／杏仁可可餅

成品數量：約 80 片

材料：

Ⓐ 奶油 150g、
　糖粉 150g、鹽 2g
Ⓑ 全蛋 2 個
Ⓒ 杏仁粉 70g
Ⓓ 低筋麵粉 200g、
　蓬萊米粉 70g、可可粉 40g
Ⓔ 杏仁角 100g

製作過程：

1 將材料 Ⓐ 先一起打勻，材料 Ⓑ 分 2-3 次加入，
　拌勻。

2 材料 Ⓒ 加入拌勻後，材料 Ⓓ 混和過篩加入，一
　起拌勻。

3 最後將材料 Ⓔ 加入，拌勻，鬆弛 15 分鐘。

4 整形成長條狀，冰冷凍後，取出，切片約 0.5 公
　分厚度，進爐烘烤。

5 以上火 180℃下火 /150℃烤約 13 分鐘，掉頭再烤
　7 分鐘。

50／糯米船型餅乾

成品數量：50 片

材料：

Ⓐ 船型餅乾 50 片
Ⓑ 奶油 60g、鮮奶油(動)24g、
　水麥芽 63g、砂糖 33g、
　糖粉 33g
Ⓒ 杏仁角 130g

製作過程：

1　先將材料 Ⓑ 依序加入鍋中煮沸至溶解，即可離
　　火。

2　材料 Ⓒ 加入拌勻，待涼，取 1 小糰放入餅乾中
　　間，即可進爐。

3　以爐溫上火 160℃／下火 160℃烤 約 10～15
　　分鐘。

TIPS ···

內餡的量是剛好可裝 50 片的量，因為它是糖漿，若放太多在烤時會流到餅乾外面，會
很醜不好看。

51／杏仁瓦片

成品數量：約 24 片

材料：

- Ⓐ 全蛋 40g、蛋白 50g
- Ⓑ 細砂糖 50g
- Ⓒ 低筋麵粉 30g、蓬萊米粉 12g
- Ⓓ 奶油 20g
- Ⓔ 杏仁片 120g

製作過程：

1. 先將材料 Ⓐ 打散後，材料 Ⓑ 加入，拌至糖溶解。
2. 材料 Ⓒ 混合過篩後，加入拌至無顆粒。
3. 將材料 Ⓓ 隔水加熱溶解，再加入作法 (2) 中拌勻。
4. 最後加入材料 Ⓔ 拌勻，靜置 20 分鐘，使糖完全溶解。
5. 再用湯匙舀出 1 小匙，鋪平在烤盤上。
6. 用手指輕輕拍成薄片，進爐烘烤。
7. 以上火 150℃下火 /110℃烤約 25 分鐘。
8. 烤至金黃即可出爐。

TIPS ···

用手工製作，所以厚薄會不均，有上色的就須先出爐，
以免上色不均勻。

52／蔓越莓燕麥餅

成品數量：15g*30 片

材料：

Ⓐ 奶油 100g、砂糖 100g

Ⓑ 蛋 30g

Ⓒ 燕麥片 80g、
蔓越莓乾 60g、
蘭姆酒 20g、蘇打粉 1g

Ⓓ 夏威夷果 100g

Ⓔ 低筋麵粉 75g、
蓬萊米粉 25g

製作過程：

1 先將材料 Ⓐ 拌勻，材料 Ⓑ 分 2 ～ 3 次加入拌勻。

2 續將材料 Ⓒ 加入拌勻，材料 Ⓓ 先切碎，也加入拌勻。

3 材料 Ⓔ 過篩後，加入一起拌勻。

4 分割成每個 15g，滾圓，微壓扁。

5 以上火 180℃ / 下火 140℃約烤 15 ～ 18 分鐘。

53／丹麥小西餅

成品數量：50 片

材料：

Ⓐ 奶油 150g、糖粉 80g
Ⓑ 蛋 100g
Ⓒ 低筋麵粉 180g、
　蓬萊米粉 60g、奶粉 20g、
　芝士粉 10g

製作過程：

1 先將材料 Ⓐ 的奶油打軟後，加入糖粉一起打發。

2 材料 Ⓑ 分 2 ～ 3 次加入作法 (1) 中拌勻。

3 材料 Ⓒ 過篩後，倒入作法 (2) 中拌均勻。

4 將麵糊裝入擠花袋中，擠入烤盤，大小要一致，
　進爐。

5 以爐溫上火 180℃ / 下火 150℃約烤 20 分鐘。

TIPS ⋯⋯⋯⋯⋯⋯⋯⋯⋯⋯⋯⋯⋯⋯⋯⋯⋯⋯⋯⋯⋯⋯⋯⋯⋯⋯⋯⋯⋯⋯⋯⋯⋯⋯⋯⋯

1. 加入粉類時只要拌勻就好，拌過頭麵粉會出筋，會引響口感。
2. 烤餅乾時因是手工餅，大小不一致，所以烤至上色的就要先出爐，以免上色不均勻。
3. 中間可擠少許果醬，比較美觀。

54／薰衣草冷凍餅

成品數量：約 120 片

材料：

Ⓐ 發酵奶油 230g、糖粉 80g

Ⓑ 全蛋 50g、蛋黃 20g

Ⓒ 杏仁粉 100g

Ⓓ 蓬萊米粉 50g、
低筋麵粉 150g、玉米粉 75g

Ⓔ 乾燥薰衣草 5g、杏仁粒 200g

製作過程：

1 先將材料 Ⓐ 拌勻後，材料 Ⓑ 混合，分 2～3 次
加入拌勻。

2 再將材料 Ⓒ 加入拌勻，材料 Ⓓ 混和過篩後，加
入一起拌勻。

3 最後將材料 Ⓔ 加入拌勻。

4 整形成長方形，放入冷凍冰硬，取出，切片厚度
為 0.5 公分。

5 以爐溫上火 190℃下火 /160℃約烤 20 分鐘。

TIPS

如吃覺得油膩，可直接去掉杏仁粉就可以了。

55／玫瑰夏威夷餅

成品數量：15g*24 片

材料：

Ⓐ 奶油 70g、糖粉 50g
Ⓑ 奶水 35g、小蘇打 1g
Ⓒ 低筋麵粉 150g、
　蓬萊米粉 50g
Ⓓ 玫瑰花瓣 5g
Ⓔ 夏威夷果 50g

製作過程：

1　將材料 Ⓐ 拌勻 (不打發)，材料 Ⓑ 先拌溶，再分次
　　加入拌勻。

2　材料 Ⓒ 過篩後，將作法 (1) 加入拌勻，再加入材料
　　Ⓓ 拌勻。

3　鬆弛 20 分鐘，分割成每個 15g，滾圓，放入烤盤。

4　將材料 Ⓔ 壓在餅乾上，即可進爐烘烤。

5　以爐溫上火 180℃下火 150℃烤約 15 分鐘，掉頭再
　　烤 5 分鐘。

6　烤至表面金黃即可出爐。

TIPS ....

如想加重玫瑰的香氣可再配方 Ⓑ 中加入 5g 的玫瑰花釀。

56／義式烤餅

成品數量：約 40 片

材料：

Ⓐ 杏仁果 150g、南瓜子 50g
Ⓑ 全蛋 210g
Ⓒ 細砂糖 80g、鹽 5g
Ⓓ 黑糖 70g
Ⓔ 蓬萊米粉 460g、泡打粉 10g

製作過程：

1　材料 Ⓐ 先烤 10 分鐘備用。

2　材料 Ⓑ 先打起泡，再將材料 Ⓒ 加入打發。

3　材料 Ⓓ 加入打至溶解。

4　材料 Ⓔ 倒在桌面，再將做法 (3) 加入拌勻。

5　最後將作法 (1) 加入一起拌勻。

6　整形成厚度 2 公分 × 寬度 10 公分，放入烤盤。

7　以全火 150℃烤 15 分鐘，掉頭再烤 15 分鐘，取出待涼，再切片。

8　切厚度約 1 公分，排入烤盤，再進爐烘烤。

9　以全火 150℃烤 15 分鐘，將餅乾翻面，再烤約 10 分鐘。

10　餅乾用手壓看看，中心點有硬度即可出爐。

TIPS

此配方麵糰很黏手，可拿高筋麵粉灑在麵糰表面及桌面以便操作。

57／伯爵餅乾

成品數量：15g*44 片

材料：

ⓐ 奶油 135g、糖粉 135g

ⓑ 蛋 60g

ⓒ 低筋麵粉 200g、
　　蓬萊米粉 60g

ⓓ 杏仁角 75g

ⓔ 伯爵茶葉 2 包

製作過程：

1 先將材料 ⓐ 拌勻，材料 ⓑ 分 2 ～ 3 次加入拌勻。

2 材料 ⓒ 過篩後，加入作法 (1) 中拌壓均勻。

3 材料 ⓓ、ⓔ 加入拌勻，鬆弛 20 分鐘。

4 分割成每個 15g，搓圓，放入烤盤。

5 以爐溫上火 200℃／下火 100℃烤約 15 ～ 20 分鐘。

TIPS ···

1. 也可整形冰冷凍後，取出切片約 0.5 公分厚度。

2. 奶油不用打發，否則會使餅乾過酥。

3. 伯爵茶包可改茉莉綠茶包。

58／乳酪米蛋捲

成品數量：約 20 捲

材料：

Ⓐ 無水奶油 120g、
　細砂糖 80g
Ⓑ 全蛋 150g
Ⓒ 低筋麵粉 30g、
　蓬萊米粉 30g、
　芝士粉 25g
Ⓓ 香草夾醬少許

製作過程：

1　材料 Ⓐ 的奶油先退冰，再和糖一起打發至乳白色。

2　材料 Ⓑ 分 2～3 次加入拌勻，材料 Ⓒ 先混合過篩後，也加入拌勻。

3　最後將材料 Ⓓ 加入拌勻。

4　將蛋捲模置於瓦斯爐上以小火預熱。

5　用小湯匙取一小匙，放至於模型上煎至熟。

TIPS ....

1. 蛋捲模一般材料行有賣。
2. 烤蛋捲時要用小火烤，以免燒焦。
3. 烤蛋捲時挖一小匙至模型時，要馬上翻面烤約 10～15 秒 (以火的大小而定)，再翻面約烤 5～10 秒，掀開，若已金黃用鐵棍捲起來。

part ❸ ／米餅乾類

111

59／黃金香蔥鹹酥餅

成品數量：約 26 ～ 30 片

材料：

Ⓐ 奶油 100g、糖粉 30g、
   鹽 1g

Ⓑ 蛋 40g

Ⓒ 香油 2g、紅椒粉 3g、
   黃金乳酪粉 20g、
   小蘇打 1g

Ⓓ 低筋麵粉 120g、
   蓬萊米粉 40g

Ⓔ 杏仁角 40g、乾燥蔥 5g

製作過程：

1 將材料 Ⓐ 拌勻，材料 Ⓑ 分 2 ～ 3 次加入拌勻。

2 再材料 Ⓒ 依序加入作法 (1) 中拌勻，材料 Ⓓ 一起
  過篩後，加入拌勻。

3 最後將材料 Ⓔ 加入拌勻，鬆弛 20 分鐘。

4 將麵糰分割成每個 15g，搓圓，放入烤盤，進爐。

5 以爐溫上火 180℃ / 下火 150℃約烤 20 分鐘。

60／小雪球餅乾

成品數量：10g*40 片

材料：

Ⓐ 奶油 100g、糖粉 20g、
　 鹽 1g

Ⓑ 杏仁粉 40g

Ⓒ 低筋麵粉 180g、
　 蓬萊米粉 60g

製作過程：

1 材料 Ⓐ 的奶油先退冰後，再一起拌勻，材料 Ⓑ
　 也加入拌勻。

2 材料 Ⓒ 一起過篩後，倒入作法 (1) 壓拌拌勻，鬆
　 弛 15 分鐘。

3 分割成每個 10g，用手搓成圓形，放入烤盤排列
　 整齊。

4 以上火 180℃下火 /150℃烤約 15 ～ 20 分鐘。

TIPS ....

喜歡核桃口味的，可在粉類拌勻後，再加入 50g 的核桃拌合。

Part **4**

米點心類

61／燻雞三角飯糰

成品數量：4 個

材料：

Ⓐ 白米 2 杯、水 2 杯半
Ⓑ 燻雞肉 100g
Ⓒ 沙拉醬適量

製作過程：

1 材料 Ⓐ 洗淨加水煮熟。

2 將白飯放入模型中一半。

3 材料 Ⓑ 炒熱加少許至作法 (2) 中，擠上沙拉醬。

4 再將飯添滿，以手整型壓紮實，用保鮮膜或鋁箔紙包裝。

TIPS ···

一般超市有販賣御飯團專用海苔，也可以用它來包 (稱為御飯糰)

62／檸檬壽司

成品數量：2 條

材料：

Ⓐ 白米 2 杯、水 2 杯
Ⓑ 檸檬汁 50g、細砂糖 40g
Ⓒ 壽司用海苔片 2 張
Ⓓ 肉鬆、火腿、四季豆皆適量
Ⓔ 沙拉醬適量

製作過程：

1 米洗好後，加 2 杯水煮熟成白飯。

2 將飯倒在盤子內，加入檸檬及細砂糖拌勻。

3 將調味好的飯攤開，急速降溫。

4 先取一片海苔放竹編上，再取一碗飯慢慢鋪平，擠上沙拉醬，放上肉鬆、火腿、四季豆，再擠少許沙拉醬，取一端往前捲成捲筒狀，外面再包一層保鮮膜即可。

TIPS ....

若擔心捲壽司捲不好或不漂亮，市面上也有販賣各種壓壽司的模型，會更方便。

63／十穀飯糰

成品數量：3 份

材料：

Ⓐ 十穀米 2 杯、水 3 杯
Ⓑ 蘿蔔乾 200g、胡椒粉 1 茶匙
Ⓒ 素肉鬆 3 大匙
Ⓓ 油條 3 小段

製作過程：

1 將材料 Ⓐ 的十穀米洗淨，加入水用電子鍋煮熟。

2 材料 Ⓑ 的蘿蔔乾洗淨，放入炒菜鍋，加入沙拉油炒至有香味，再加入胡椒粉拌勻即可。

3 將取一碗煮好的十穀飯放在耐熱袋上面攤平。

4 放上蘿蔔乾、素肉鬆及油條，再包起，捏緊實。

TIPS ···

1. 十穀米如要用大同電鍋煮時，外鍋需加 1.5 ～ 2 杯的水煮，米粒才夠熟。
2. 若喜好辣味蘿蔔乾，也可加入少許辣椒同炒。
3. 如不吃油條者，可將油條改為地瓜條，口感也不錯。

64／紫米素飯糰

成品數量：5 個

材料：

Ⓐ 紫糯米 600g、長糯米 150g
Ⓑ 沙拉油 50g、蘿蔔乾 (丁)200g、胡椒粉 3g
Ⓒ 素肉酥 50g、黑芝麻粉 50g
Ⓓ 熟地瓜條 5 條、油條 5 條

製作過程：

1 將蒸籠鋪放上乾淨的紗布備用。

2 材料 Ⓐ 洗淨，加水放冰箱泡 2 天。

3 取出瀝乾水分，倒入蒸籠內，用大火蒸 40 分鐘。

4 材料 Ⓑ 依序放入鍋中炒熟。

5 取一碗飯，攤開，放入作法 (4) 及材料 Ⓒ、Ⓓ，再包起，捏緊實即可食用。

65／酒釀餅

成品數量：約 20 個

材料：

Ⓐ 水 180g、乾酵母 6g、
小蘇打 3g、酒釀 180g
Ⓑ 中筋麵粉 600g、
泡打粉 9g、細砂糖 30g、
白油 30g、麥芽酵素 5g
Ⓒ 紅豆餡粒 600g

製作過程：

1　材料 Ⓐ 一起拌至溶解。

2　加入材料 Ⓑ 揉製成糰至光滑即可。

3　待麵糰鬆弛 5 分鐘，分割成每個 50g。(麵皮)

4　材料 Ⓒ 分割成每個 30g。(內餡)

5　麵皮包入材料 Ⓒ 收口捏緊，壓扁約 2 公分厚。

6　最後鬆弛約 20～30 分鐘。

7　進爐烘烤，以爐溫 220℃烤約 10 分鐘至金黃即可。

TIPS ·····················

1. 包入餡料後面皮不要壓太扁，約壓 2-3 公分即可。
2. 要進爐烘烤時，上面要再壓上烤盤，以免餅膨脹上來。

66／紫米豆沙粽

成品數量：10 個

材料：

Ⓐ 紫米 600g、
　圓糯米 300g
Ⓑ 紅豆粒餡 300g
Ⓒ 粽葉 20 張、
　麻繩 10 條

製作過程：

1　材料 Ⓐ 混合洗淨；加水，放入冰箱泡 2 天。

2　取出材料 Ⓐ 將水瀝乾。

3　材料 Ⓑ 分割成 10 粒。

4　取 2 片粽葉對摺好，先放入一湯匙米粒，放上紅豆餡粒。

5　再取米粒覆蓋上豆沙餡。

6　包成長型粽子，再用麻繩綁好，依此程序將粽子全數包完。

7　待鍋中水滾後，放入鍋中用大火煮 3 小時至軟即可。

TIPS ··

煮時水若沒有淹過粽子時，需補熱水。（勿補冷水，會使粽子米粒變爛）

67／油飯

成品數量：8 吋蒸籠 *1 籠

材料：

Ⓐ 長糯米 300g、白米 75g

Ⓑ 沙拉油 75g

Ⓒ 香菇 50g、開洋 40g、
泡過水魷魚絲 60g、豬肉絲 120g

Ⓓ 醬油 45g、香油 30g、鹽 2g、糖 1g

Ⓔ 胡椒粉 3g、五香粉 2g

Ⓕ 水 140g

Ⓖ 蔥油酥 30g

製作過程：

1　將蒸籠鋪放上乾淨的紗布備用。

2　材料 Ⓐ 洗淨，浸泡 2 小時，倒入蒸籠內，用大火蒸 20 分鐘。

3　材料 Ⓑ 放入鍋中，將 Ⓒ 料依序加入爆香。

4　加入材料 Ⓓ、Ⓔ 炒至均勻。

5　將水加入煮滾，再將作法 (2) 加入快速拌勻。

6　最後將材料 Ⓖ 加入拌勻即可。

7　放入蒸籠，回蒸 15 分鐘，即可食用。

TIPS ··

1. 米洗好最少要泡 2 小時以上，蒸時米粒中心比較容易熟透。
2. 如沒那麼多時間泡米時，米粒洗好可以先用熱水汆燙一下，再下去蒸也很快就熟透。
3. 炒好的餡料可以先取 1/3 起來備用，剩餘的 2/3 拿去拌成油飯，要蒸之前再鋪在表面。
4. 開洋又稱為乾蝦仁或金鉤蝦。

68／筒仔米糕

成品數量：8 杯

材料：

Ⓐ 長糯米 300g
Ⓑ 沙拉油 50g
Ⓒ 香菇絲 50g、開洋 30g、豬肉絲 120g
Ⓓ 醬油 18g、鹽 5g、細砂糖 2g

Ⓔ 香油 5g、白胡椒粉 5g
Ⓕ 水 150g
Ⓖ 紅蔥頭 30g

製作過程：

1 將蒸籠鋪放上乾淨的紗布備用。

2 材料 Ⓐ 洗淨，浸泡 2 小時，倒入蒸籠內，用大火蒸 20 分鐘。

3 材料 Ⓑ 放入炒菜鍋中，將材料 Ⓒ 依序加入爆香。

4 加入材料 Ⓓ、Ⓔ 炒至均勻。

5 將材料 F 加入煮滾，要先撈取 1/2 的餡料出來備用，再將作法 (2) 加入快速拌勻。

6 最後將材料 Ⓖ 加入拌勻，即為油飯。

7 模型先放入預留的餡料，再將油飯加入填滿。

8 放入蒸籠，回蒸 15 分鐘，取出倒扣，即可食用。

TIPS ···

1. 米洗好最少要泡 2 小時以上，蒸時米粒中心比較容易熟透。
2. 如沒那麼多時間泡米時，米粒洗好可以先用熱水汆燙一下，再下去蒸也很快就熟透。
3. 油飯加入模型中一定要壓緊，以免倒扣出來變鬆散。
4. 開洋又稱為乾蝦仁或金鉤蝦。

69／北部粽

成品數量：12 個

材料：

Ⓐ 醬油 100g、水 700g、糖 60g

Ⓑ 豬肉塊 300g、生花生 100g、
　 蒜頭 5 顆

Ⓒ 泡軟香菇 12 朵、
　 五香豆干 3 塊 (一切 4)、開洋 80g

Ⓓ 長糯米 600g

Ⓔ 沙拉油 50g、醬油 20g、香油 10g、
　 鹽 5g、糖 5g、胡椒粉 5g、五香粉 3g

Ⓕ 水 200g、蔥油酥 30g

Ⓖ 粽葉 24 張、麻繩 12 條

製作過程：

1　材料 Ⓐ 一起煮滾。

2　將材料 Ⓑ 加入煮至水份收乾即可，備用。

3　材料 Ⓒ 依序用油炸至有香味，分開放為餡料。

4　材料 Ⓓ 洗淨，泡 2 小時後，用蒸籠蒸 20 分鐘備用。

5　材料 Ⓔ、Ⓕ 依序入鍋煮滾，再將做法 (4) 倒入拌勻。

6　先取 2 張粽葉轉成漏斗型，放入作法 (5)，再放入餡料，最後再填入作法 (5)。

7　將粽葉折下包好，綁上麻繩，依此程序將粽子全數包完。

8　待鍋中水滾，以大火蒸 30 分鐘。

TIPS

1. 米洗好最少要泡 2 小時以上，蒸時米粒中心比較容易熟透。
2. 如沒那麼多時間泡米時，米粒洗好可以先用熱水汆燙一下，再下去蒸也很快就熟透。
3. 開洋又稱為乾蝦仁或金鉤蝦。

70／南部粽

成品數量：12 個

材料：

ⓐ 醬油 100g、水 700g、糖 60g

ⓑ 豬肉塊 300g、生花生 100g、蒜頭 5 顆

ⓒ 泡軟香菇 12 朵、五香豆干 3 塊 (一切 4)、
開洋 80g

ⓓ 鹹蛋黃 6 粒 (對切備用) 熟栗子 12 顆

ⓔ 長糯米 600g、生花生 100g

ⓕ 沙拉油 50g、醬油 20g、
香油 10g、鹽 5g、糖 5g、胡椒粉 5g

ⓖ 水 200g、蔥油酥 30g

ⓗ 粽葉 24 張、麻繩 12 條

製作過程：

1 材料 ⓐ 一起煮滾。

2 將材料 ⓑ 加入煮至水份收乾即可，備用。

3 材料 ⓒ 依序用油炸至有香味，和材料 ⓓ 分開放為餡料。

4 材料 ⓔ 洗淨，泡 2 小時後備用。

5 材料 ⓕ、ⓖ 依序入鍋煮滾，再將作法 (4) 濾乾水份，倒入炒至水份收乾即可。

6 先取 2 張粽葉轉成漏斗型，放入作法 (5)，再放入餡料，最後再填入作法 (5)。

7 將粽葉折下包好，綁上麻繩，依此程序將粽子全數包完。

8 待鍋中的水滾將包好粽子放入，以大火煮 60 分鐘至米粒熟透。

TIPS ....

1. 米洗好最少要泡 2 小時以上，煮時米粒中心比較容易熟透。

2. 如沒那麼多時間泡米時，米粒洗好可以先用熱水汆燙一下，再下去蒸也很快就熟透。

3. 開洋又稱為乾蝦仁或金鉤蝦。

4. 煮粽子時，水一定要滾才能放入粽子，因水溫沒達到沸騰，就將粽子放入，會因浸泡導致米粒變糊爛。

5. 煮粽子時間可依個人要吃的軟硬度而定，如喜愛吃 Q 的只要煮 40 分鐘，喜愛吃軟的時間就要煮約 90 分鐘。

71／粿粽

成品數量：12 個

材料：

Ⓐ 水 210g、細砂糖 30g

Ⓑ 糯米粉 300g、低筋麵粉 60g

Ⓒ 沙拉油 12g

Ⓓ 香菇丁 30g、開洋 30g、
　豬絞肉 80g、蘿蔔乾 120g

Ⓔ 鹽 3g、細砂糖 3g、香油 10g、
　醬油 10g、胡椒粉 5g、五香粉 2g

Ⓕ 油蔥酥 12g

Ⓖ 粽葉 24 張、麻繩 12 條

製作過程：

1　材料 Ⓐ 拌至細砂糖溶解。

2　加入材料 Ⓑ 略微拌勻後，先取 50g 麵糰分 3 小糰壓扁，放入滾水中煮熟撈起。

3　再將煮熟的麵糰放回攪拌缸中拌至光滑即可。

4　讓麵糰鬆弛 30 分鐘，再用手揉一揉，即可分割成每個 50g 備用。

5　材料 Ⓒ 放入炒菜鍋，材料 Ⓓ 依序加入炒香。

6　再加入材料 Ⓔ 拌炒均勻，最後加入材料 Ⓕ 拌勻即可。

7　將作法 (6) 包入作法 (4) 中。

8　取 2 片粽葉轉成漏斗型，放入作法 (7) 包成粽子形狀，以麻繩綁好，依此程序將
　粽子全數包完。

9　鍋中待水滾後，以大火蒸 25 分鐘。

TIPS ……………………………………………………………………………………

開洋又稱為乾蝦仁或金鉤蝦。

72／菜包粿

成品數量：22 個

材料：

Ⓐ 糯米粉 600g、糖粉 120g、水 360g、沙拉油 30g
Ⓑ 沙拉油 40g
Ⓒ 豬絞肉 150g、開洋 30g
Ⓓ 泡水蘿蔔絲 400g
Ⓔ 鹽 5g、細砂糖 8g、胡椒粉 5g

製作過程：

1　材料 Ⓐ 略為拌勻，取 100g 麵糰，再分 5 小糰壓扁，放入滾水中煮熟，撈起。

2　煮好的麵糰放回攪拌缸中拌至光滑即可。

3　待麵糰鬆弛 30 分鐘，再用手揉一揉，即可分割成每個 50g，22 個備用。

4　材料 Ⓑ 放入炒菜鍋，材料 Ⓒ 依序加入炒香。

5　材料 Ⓓ 切段，加入炒至香味出來。

6　最後加入材料 Ⓔ 拌勻即可。

7　將漿團（作法 3）壓扁，包入內餡，漿糰表面抹油，整成包子形狀。

8　放在粽葉上用站立的。

9　待鍋中水滾，轉小火蒸 25 分鐘。

TIPS ···

1. 蒸時不能用大火蒸，形狀會垮垮的，因熱漲冷縮。
2. 開洋又稱為乾蝦仁或金鉤蝦。

73／碗粿

成品數量：12 碗

材料：

Ⓐ 沙拉油 50g
Ⓑ 豬絞肉 200g、蘿蔔乾 100g、開陽 30g
Ⓒ 油蔥酥 30g
Ⓓ 鹽 1g、糖 1g、醬油 5g、香油 10g、白胡椒粉 5g
Ⓔ 水 1000g
Ⓕ 在來米粉 300g、太白粉 80g、水 700g

製作過程：

1　材料 Ⓐ 倒入炒菜鍋，材料 Ⓑ 依序加入炒香。

2　材料 Ⓒ、Ⓓ 加入拌炒均勻，餡料分 2 份備用。

3　材料 Ⓔ 煮滾。

4　材料 Ⓕ 拌勻，先取一份餡料加入拌合，再將作法 (3) 沖入拌勻。

5　模型底部先平均放上另一份餡料，再將麵糊倒入裝滿。

6　表面抹平後，待水滾，中火蒸約 25 分鐘。

7　蒸好放涼後，食用時倒扣出來，淋上醬油膏即可食用。

TIPS ···

1. 作法 (4) 沖好時，如感覺太稀，需小火回煮至濃稠，濃稠感要如沙拉醬。
2. 醬油膏要先用開水稀釋過，鹹度才不會過高。
3. 開洋又稱為乾蝦仁或金鉤蝦。

74／黑糖發糕

成品數量：12 杯

材料：

Ⓐ 紅糖 270g、水 500g
Ⓑ 乾酵母 3g
Ⓒ 中筋麵粉 200g、蓬萊米粉 200g、樹薯粉 100g、泡打粉 3g
Ⓓ 熟白芝麻適量

製作過程：

1　先將材料 Ⓐ 煮至溶解，待涼備用。

2　加入材料 Ⓑ 拌至溶解。

3　材料 Ⓒ 混和過篩後，加入作法 (2) 中拌至無顆粒。

4　先靜置 5 分鐘後，再拌一次。

5　倒入模型中，靜置 15 分鐘。

6　放入鍋中，待水滾用大火蒸 15 分鐘。

TIPS ···

1. 糖水煮好一定要降溫，如溫度超過 35℃會燙死酵母，導致蒸時無法發酵。
2. 黑糖要煮過香味才會比較香濃。
3. 麵糊靜置時，如冬天要 20 分鐘，夏天只要 15 分鐘即可。
4. 蒸時一定要用大火蒸，否則會影響成品裂痕及膨脹度。
5. 食用前可沾熟的白芝麻口感也不錯。

75／台式蘿蔔糕

成品數量：水果條 *2 條

材料：

Ⓐ 沙拉油 30g、
   白蘿蔔絲 900g、
   水 500g

Ⓑ 鹽 10g、糖 5g、
   白胡椒粉 5g

Ⓒ 在來米粉 400g、
   水 400g

製作過程：

1 沙拉油加熱，放入白蘿蔔絲炒至微軟，加入水煮至蘿蔔絲變透明。

2 加入材料 Ⓑ 拌炒均勻。

3 將材料 Ⓒ 拌勻後，沖入作法 (2) 中，快速拌勻。
  再回煮至濃稠。(要像沙拉醬的濃稠度)

4 模型抹少許沙拉油，再將煮好的麵糊倒入，抹平，放入蒸籠。

5 待水滾後，以大火蒸 25 ～ 30 分鐘。

TIPS ··

1. 煮蘿蔔絲時，要用小火煮以免水分蒸發太多。(會導致做出來的成品太硬)
2. 蘿蔔要刨成細絲，比較容易煮軟。

76／鹹年糕

成品數量：6 吋鋁箔 *2 模

材料：

Ⓐ 沙拉油 50g
Ⓑ 香菇丁 50g、
　 豬絞肉 200g、開洋 80g
Ⓒ 醬油 80g、鹽 5g、
　 油蔥酥 50g
Ⓓ 水 450g、二砂糖 100g
Ⓔ 糯米粉 600g、沙拉油 50g

製作過程：

1　材料 Ⓐ 放入炒菜鍋裡。
2　材料 Ⓑ 依序加入鍋中爆香。
3　加入材料 Ⓒ，拌炒均勻，盛出備用。
4　材料 Ⓓ 拌至溶解，將材料 Ⓔ 加入拌勻。
5　將做法 (3) 倒入做法 (4) 中拌勻。
6　倒入模型中，抹平。
7　放入鍋中，待水滾後，以大火蒸 30 分鐘。

TIPS ……………………………………………

開洋又稱為乾蝦仁或金鉤蝦。

77／黑芝麻糊

成品數量：500 cc ＊3 杯

材料：

Ⓐ 黑芝麻仁 120g
Ⓑ 水 1000g
Ⓒ 糖 150g
Ⓓ 蓬萊米粉 40g、水 80g

製作過程：

1 材料 Ⓐ 洗淨；炒香。

2 將材料 Ⓐ、Ⓑ 一起加入果汁機中，打成漿。
  加入材料 Ⓒ 煮沸。

3 材料 Ⓓ 拌勻，倒入作法 (3) 芶芡煮至濃稠 (要攪拌以免燒焦)。

78／杏仁茶

成品數量：400 cc *3 杯

材料：

Ⓐ 苦杏 80g、蓬萊米 25g

Ⓑ 水 250g

Ⓒ 水 500g、細砂糖 75g

製作過程：

1 將 Ⓐ 料洗淨，浸泡 1 小時。

2 作法 (1) 放入果汁機中，再倒入材料 Ⓑ 打成汁，過濾備用。

3 將材料 Ⓒ 煮滾後，沖入作法 (2) 中拌勻。

4 再回煮至滾，即可食用。

TIPS ···

1. 過濾後的渣渣可以再加少許的水再打一次。

2. 要沖入熱糖水時，要邊沖邊攪拌以免結粒。

3. 回煮時要用小火，而且要邊煮邊攪拌以免燒焦。

79／花生米漿

成品數量：400* 約 3 杯

材料：

Ⓐ 白米 40g、炒焦花生 100g
Ⓑ 水 400g
Ⓒ 水 800g、糖 75g

製作過程：

1 將材料 Ⓐ 的米洗淨，與花生一起浸泡 1 小時。

2 泡好的作法 (1) 放入果汁機中，再倒入材料 Ⓑ 打成汁，過濾備用。

3 將材料 Ⓒ 煮滾後，沖入作法 (2) 中拌勻。

4 再以小火回煮至滾即可食用。

TIPS ···

1. 過濾的渣渣可以再加少許的水再打一次。
2. 要沖入熱糖水時，要邊沖邊攪拌以免結粒。
3. 回煮時要用小火，而且要邊煮邊拌以免燒焦。

80／薏仁米漿

成品數量：400* 約 4 杯

材料：

Ⓐ 薏仁 80g、白米 20g
Ⓑ 水 500g
Ⓒ 水 1000g、細砂糖 120g

製作過程：

1 將材料 Ⓐ 洗淨一起浸泡 1 小時。

2 泡好的作法 (1) 放入果汁機中，再倒入材料 Ⓑ
　打成汁，過濾備用。

3 將材料 Ⓒ 煮滾後，沖入作法 (2) 中拌勻。

4 再以小火回煮至滾即可食用。

TIPS ···

1. 過濾的渣渣可以再加少許的水再打一次。
2. 要沖入熱糖水時，要邊沖邊攪拌以免結粒。
3. 回煮時要用小火，而且要邊煮邊拌以免燒焦。

米與烘焙

http://www.ju-zi.com.tw

三友圖書
友直 友諒 友多聞

作　　者	許正忠、周麗秋
編　　輯	吳小諾
攝　　影	蕭維剛
封面設計	劉錦堂
美術設計	王欽民
發 行 人	程安琪
總 策 畫	程顯灝
總 編 輯	呂增娣
主　　編	徐詩淵
編　　輯	鍾宜芳、吳雅芳
	陳思巧、黃勻薔
美術主編	劉錦堂
美術編輯	吳靖玟、劉庭安
行銷總監	呂增慧
資深行銷	謝儀方、吳孟蓉
發 行 部	侯莉莉
財 務 部	許麗娟、陳美齡
印　　務	許丁財
出 版 者	橘子文化事業有限公司
總 代 理	三友圖書有限公司
地　　址	106台北市安和路2段213號4樓
電　　話	(02) 2377-4155
傳　　真	(02) 2377-4355
E－mail	service@sanyau.com.tw
郵政劃撥	05844889 三友圖書有限公司
總 經 銷	大和書報圖書股份有限公司
地　　址	新北市新莊區五工五路2號
電　　話	(02) 8990-2588
傳　　真	(02) 2299-7900
製　　版	興旺彩色印刷製版有限公司
印　　刷	鴻海科技印刷股份有限公司
初　　版	2019年 08月
定　　價	新台幣350元
I S B N	978-986-364-147-6（平裝）

國家圖書館出版品預行編目 (CIP) 資料

米與烘焙 / 許正忠,周麗秋作. -- 初版 . -- 臺
北市：橘子文化, 2019.08
　面；　公分
ISBN 978-986-364-147-6(平裝)

1. 點心食譜

427.16　　　　　　　　　　108011854